EXTRAIT DU BULLETIN
DE LA SOCIÉTÉ D'ENCOURAGEMENT
POUR L'AGRICULTURE ET L'INDUSTRIE
DANS L'ARRONDISSEMENT DE BAGNÈRES

RAPPORTS

FAITS A LA SOCIÉTÉ

[illegible] LE CONCOURS RÉGIONAL

ET

L'EXPOSITION INDUSTRIELLE DE TARBES

(MAI 1860)

BAGNÈRES-DE-BIGORRE
IMPRIMERIE ET LIBRAIRIE DOSSUN
Place Napoléon.

EXTRAIT

DU

BULLETIN DE LA SOCIÉTÉ D'ENCOURAGEMENT

POUR

L'AGRICULTURE & L'INDUSTRIE

DANS

L'ARRONDISSEMENT DE BAGNÈRES

RAPPORTS FAITS A LA SOCIÉTÉ

SUR LE

CONCOURS RÉGIONAL & L'EXPOSITION INDUSTRIELLE

DE TARBES

(MAI 1860)

La Société d'Encouragement de Bagnères, née d'hier à peine, n'a pu se manifester encore par des actes. Elle a parlé quelquefois aux esprits : elle n'a pu encore parler aux yeux. L'exiguité de ses ressources ne le lui a pas permis. Cent vingt-cinq membres payent une cotisation minime de cinq francs, voilà son budget. Que pouvait-elle faire !

Une occasion heureuse s'est présentée, elle l'a saisie avec empressement. Le concours régional de Tarbes et l'exposition industrielle départementale qui l'a accompagné lui ont fourni un sujet d'études nombreuses et variées. Elle a chargé des commissions choisies dans son sein, parmi ses membres les plus spéciaux, d'étudier chaque espèce animale au point de vue particulier de l'arrondissement. Elle a fait examiner par des hommes animés de l'amour du pays les machines agricoles et les instruments aratoires, ainsi que les divers produits de notre agriculture. Elle a demandé à des praticiens intelligents et dévoués leur opinion sur l'industrie du département.

Ces commissions ont fait leurs rapports, intéressants à plus d'un titre. La Société les a écoutés avec attention et en a approuvé les conclusions si importantes pour le pays. Mais la lecture de ces documents faite en séance ne répond qu'en partie au but de notre Société. Aussi a-t-elle voulu que les enseignements qui en résultent fussent connus de tous. Elle a décidé par suite que ces rapports seraient réunis et envoyés aux cultivateurs et aux industriels les plus importants de la circonscription territoriale à laquelle sont limités nos travaux.

Ces rapports sont en quelque sorte l'exposé sommaire des améliorations les plus urgentes que réclament notre agriculture et notre industrie. C'est à ce titre qu'ils ont été publiés à part et en dehors du Bulletin de la Société. Puissent-ils être lus et médités! Puissent-ils démontrer aux plus endurcis dans la routine la *nécessité pressante* de sortir au plus tôt de l'ornière! Puissent-ils enfin montrer à tous l'utilité des sociétés agricoles et industrielles, et attirer à nous tant d'esprits distingués ou de praticiens habiles qui s'en tiennent éloignés, et sans l'aide desquels cependant notre œuvre ne peut être qu'incomplète! Ce sont là nos vœux les plus ardents, nos désirs les plus vifs.

Nous avons essayé et nous essaierons encore de remplir la tâche que nous nous sommes imposée. Heureux si notre dévouement est compris, plus heureux encore si nous pouvons réaliser dans ce beau pays que nous aimons une part minime seulement de tout le bien que nous lui souhaitons.

Le Secrétaire de la Société d'Encouragement,

J.-J. DUMORET, avocat.

AGRICULTURE.

RAPPORT SUR L'ESPÈCE BOVINE.

Membres de la Commission : MM. le général DE GAJA, BOLTON, VIORRAIN, BRADSTREET.

M. J.-J. DUMORET, *Rapporteur.*

« Messieurs, votre commission chargée de l'examen de l'espèce bovine au concours de Tarbes, s'est trouvée, par des circonstances fâcheuses, réduite à deux de ses membres. MM. de Gaja et Bolton, dont les lumières nous eussent été si utiles, ont été retenus, l'un à Pau par ses occupations, le second à Bagnères par une indisposition qui n'a eu, et nous nous en félicitons, aucune gravité. Nous nous sommes adjoint le Secrétaire de notre Société, qui a bien voulu consentir à vous présenter le résultat de nos observations. Nous avons rempli, autant qu'il était en nous la délicate mission que vous avez bien voulu nous confier, et nous venons aujourd'hui vous présenter le compte-rendu de nos travaux, en vous priant, Messieurs, de rectifier ce qu'il peut y avoir d'erroné dans nos appréciations, et d'excuser en même temps ce qu'il y a nécessairement d'incomplet dans notre travail, en considération de notre bonne volonté et du soin que nous avons pris à le faire.

» D'abord, Messieurs, nous devons constater que de tous les concours régionaux de France peut-être, tout au moins du plus grand nombre, celui de Tarbes était celui où l'espèce bovine était représentée par le plus grand nombre de sujets. Ainsi, tandis que les concours de Poitiers, de Vannes, d'Amiens, d'Aurillac et de Caen comptaient à peine trois cents taureaux, vaches ou génisses, les bêtes à corne étaient représentées à Tarbes par cinq cent quatre-vingt-onze individus. La Société remarquera que nous citons particulièrement la Normandie, l'Auvergne, la Picardie, la Flandre, le Poitou et la Bretagne, provinces dont la fécondité est proverbiale au point de vue de l'élève.

» Nous ferons en même temps remarquer à la Société que notre département avait, sans comparaison aucune, envoyé la plus grande partie des bêtes présentées dans l'espèce bovine. Nous en avons compté dans toutes les races et dans toutes les catégories, celle d'Ayr exceptée, depuis la Baretonne gracieuse et agile jusqu'aux Durhams aux formes colossales. Ce résultat avait deux raisons qui n'ont pas échappé à votre sagacité : notre département est un pays d'élève et le concours se tenait au chef-lieu. La circonscription territoriale à laquelle nous avons limité nos travaux était, disons-le encore, dignement représentée à cette belle exhibition; plus dignement que nous n'eussions osé l'espérer. Car vous le savez, Messieurs, nous sommes neufs pour tout ce qui touche aux exhibitions, de quelque nature qu'elles soient; et notre agriculture est bien loin, malheureusement, encore de la perfection.

» Ces prémisses indispensables posées, passons à l'examen de cette magnifique réunion d'animaux reproducteurs, la plus nombreuse et la plus belle de toutes celles de la région, depuis l'excellente institution des concours régionaux. — Suivons l'ordre du programme :

» La race gasconne, aux muscles accentués, à l'ossature puissante, aux jambes courtes et nerveuses, robuste au travail et d'une sobriété extrême, était classée la première. Cette race, qui, engraissée, produit de bonnes et grosses bêtes de boucherie, rend surtout, dans le *Gers* et le *nord-est* de notre département, les plus utiles et les meilleurs services. Elle laboure sans peine et sans effort leurs terrains compactes et argileux. Une nourriture sèche lui suffit. Elle est peu laitière; mais le lait n'est qu'un accessoire dans cette région privilégiée, où le vin et le froment abondent. Quelques propriétaires du canton de Castelnau-Magnoac avaient exposé dans cette catégorie plusieurs beaux animaux, parmi lesquels nous avons surtout remarqué une génisse, n° 71, qui a obtenu le 1er prix dans sa section et qui a été aussi primée au concours général de Paris. Cette race était parfaitement représentée à Tarbes.

» Nous n'en pouvons pas dire autant de la race de Lourdes, qui comptait 209 sujets à l'exposition. En général et sauf quelques belles exceptions, cette race qui est surtout la nôtre, à la fois laitière et *travailleuse,* était mal représentée. Les exposants semblaient n'avoir cherché que la taille, sans se préoccuper beaucoup de la pureté du sang. Aussi avons-nous remarqué peu d'animaux qui n'eussent de près ou de loin quelque parenté avec la race Baretonne. Nos éleveurs ont cherché et cherchent encore peut-être à donner plus de taille à leurs produits, et ils ne remarquent pas que cette élévation dans les membres gâte l'harmonie de l'animal et lui fait perdre ses qualités propres, la force et le lait. Nous ne saurions trop nous élever contre une pareille tendance. Notre race laitière, quoi qu'on en dise et qui n'a nul besoin pour la suppléer chez nous des vaches Bretonnes, que le *Journal d'Agriculture pratique* (n° du 20 juin 1860), sur la foi de personnes mal renseignées, signale comme les laitières du pays, notre race doit être uniquement améliorée par la sélection. — Le concours de Tarbes sera, nous n'en doutons pas, un enseignement sérieux et fécond pour nos éleveurs. Ils ont pu remarquer que le jury s'est préoccupé surtout des signes indiquant la production du lait, préoccupation trop exclusive peut-être et qui a fait critiquer certains choix. Tenons-nous donc pour avertis, améliorons notre race par elle-même. N'abandonnons pas les saillies au hasard, ne choisissons pour reproducteurs que les animaux les plus parfaits, les types, de notre espèce bovine, n'oublions pas que nos bêtes à corne sont destinées à passer les étés sur les pâturages élevés de nos montagnes, rappelons-nous qu'elles labourent exclusivement nos terres légères sur des plans souvent inclinés, et souvenons-nous enfin que le lait est, avec le maïs, la base de l'alimentation des masses. — Notre race peut satisfaire à tout ce que nous exigeons habituellement d'elle, si nous la laissons telle qu'elle est réellement, c'est-à-dire harmonieuse de formes, d'une taille peu élevée, quoiqu'incomparablement plus grande que la Bretonne ou l'Ayr, forte au travail, gravissant facilement les pentes, rustique et sobre, tout en donnant en abondance un lait justement estimé et riche en substances butineuses. — Que les éleveurs choisissent donc pour reproducteurs des animaux présentant les caractères distinctifs de ces qualités, heureusement résumés dans quelques taureaux de Lourdes, d'Argelés et de Campan primés à Tarbes : que nos exposants au prochain concours régional de Toulouse présentent moins des individus à taille élevée, que les sujets se rapprochant le plus des types de notre race.

Qu'ils se préoccupent surtout de l'harmonie des formes et des signes indicateurs de la production du lait, et nous verrons ainsi s'évanouir et tomber à néant les critiques sur les vaches de Lourdes un peu amères peut-être, qu'un des membres du jury a publiées naguère dans un journal de Paris.

» Nous devons, en terminant ce qui est relatif à la race de Lourdes, vous signaler une pratique ordinaire de tous nos cultivateurs. Les bœufs travaillent jusqu'à huit ou neuf ans, âge auquel ils sont engraissés et vendus très avantageusement, ainsi que nos veaux sur les marchés de Tarbes. Leur viande est très recherchée depuis quelque temps, et le prix en a considérablement augmenté depuis un an surtout. C'est donc le moment de rappeler à nos cultivateurs qu'ils doivent surtout s'attacher à l'élève et à l'engraissement si faciles et si lucratifs avec nos eaux, nos prairies et les pâturages de nos montagnes, si étendus et si riches, quoi qu'en dise le n° du 20 juin dernier du *Journal d'Agriculture pratique.*

» La race Baretonne (Béarnaise, Basquaise et analogues du programme), à la taille élevée, à la tête droite, aux cornes bien contournées, aux jambes minces et droites, au corps gracieux et léger, était représentée au concours par 90 sujets. Cette race, élégante et forte à la fois, est moins bonne laitière que la race de Lourdes, ainsi que l'indiquent son pis peu développé et l'absence presque complète chez les individus présentés des *épis* découverts et préconisés par Guénon. Les Baretons sont excellents surtout pour les travaux rapides et les transports. Nos cultivateurs ne l'élèvent pas, mais ils vont souvent acheter leurs attelages aux foires de Morlaàs, d'Oloron et de Nay, car c'est un orgueil pour eux de conduire avec leurs longs aiguillons ces bœufs dont la tête intelligente n'est jamais courbée sous le joug, et qui peuvent facilement en vingt-quatre heures parcourir 60 ou 70 kilomètres, en traînant des fardeaux dont le poids varie entre quinze et dix-huit cents kilogrammes. Cette race, qu'un membre du jury déjà cité appelle à tort, selon nous, *un débris d'une race superbe* dont il ne reste que les cornes, rend de très utiles services dans nos pays, où tous les travaux des champs sont faits par les bêtes à corne. — Les bœufs et surtout les veaux de la race Baretonne s'engraissent très facilement. — Ainsi que votre commission vous le disait à propos de la race de Lourdes, il n'y a, selon nous, aucun avantage à l'introduire pour les croisements dans notre arrondissement. Il faut l'en éloigner au contraire. Elle ne pourrait que nuire à la pureté et aux qualités de la race de Lourdes surtout, dont elle est en quelque sorte l'opposé.

» La race Ariégeoise, nouvellement catégorisée et qui semble avoir toutes les sympathies du membre du jury deux fois cité par nous, était, de toutes les races de la région, celle qui comptait le moins de représentants au concours (24), et encore n'y avait-il, selon nous, rien de moins certain que la pureté de sang de la plupart des animaux exposés dans cette catégorie. Ainsi, tandis que le plus nombre des taureaux et quelques vaches étaient d'une robe presque noire et d'une taille assez grande, la plus grande partie des vaches et quelques taureaux étaient gris et d'une taille relativement peu élevée ; les formes des animaux n'étaient pas moins dissemblables, et il nous paraît impossible, à première vue, (notre examen n'a pu durer assez longtemps pour que nous nous prononcions catégoriquement à ce sujet), de classer dans une même race les taureaux n°s 394 et 403 qui ont obtenu les premiers prix, et les vaches n°s 406 et 413 qui ont remporté dans leurs sections les premier et deuxième prix. Notre examen n'a pu durer assez longtemps, nous le répétons, et cependant votre commission pense que la race Ariégeoise, telle qu'elle a été représentée et en prenant pour types les sujets primés, n'est pas une race pure, mais seulement un dérivé plus ou moins éloigné de la race Gasconne, croisée à une époque très ancienne avec les races primitives des Pyrénées. Ces observations faites, cette race, telle qu'elle est, pure ou non, paraît avoir des qualités précieuses : laitière, robuste, facile à l'engraissement, nous a-t-on assuré, elle donne de bons produits à ceux qui l'élèvent.

» Une race absolument analogue, sinon tout-à-fait la même que celle des deux vaches primées n°s 406 et 413, (classées, nous l'avons déjà dit, dans la race Ariégeoise et nées et élevées à Neuilh, commune peu éloignée de Bagnères), peuple la vallée d'Aure et la partie de notre arrondissement connue sous le nom de Baronnies. Cette race, nous le reconnaissons, a été amoindrie, pour ainsi dire, par les mauvais soins et une nourriture insuffisante. La taille des bêtes bovines dont nous parlons est moins élevée que celle de la race Ariégeoise du concours, mais la forme générale des animaux, la direction et la position de leurs cornes, la couleur de leur robe sont absolument semblables. Votre commission n'hésite donc pas à les classer dans la race dite Ariégeoise, et elle pense que des croisements intelligents avec des taureaux Ariégeois à robe grise, une nourriture plus abondante, quelques soins assidus et un meilleur aménagement des étables feraient que bientôt la race d'Aure pourrait rivaliser avec les meilleurs sujets de la race de l'Ariége, dont elle est sinon la reproduction parfaite, tout au moins le similaire complet. Ajoutons, en terminant, que cette race d'Aure, avec son amoindrissement incontestable, résultat inévitable de mauvais soins séculaires, donne de très bons produits en lait et en viande, qu'elle est d'une rusticité extrême et réalise le type de ce que votre commission se permet d'appeler la *vache du pauvre.*

» Dans les races françaises pures votre commission a particulièrement distingué quelques beaux sujets de la race Garonnaise ou Agenaise, race dans laquelle M. Gouaux, vétérinaire savant et habile, trouve le type de la race de Lourdes; quelques individus mâles et femelles de la race Bazadaise; un taureau Salers aux formes presque aussi colossales que les Durham, race dont l'introduction a cessé dans la Haute-Garonne, par suite des épidémies incessantes de pléripneumonie contagieuse importées, disait-on à tort ou à raison, par les Salers; un seul individu de la race d'Aubrac; et enfin quelques individus de la race Bretonne si bonne laitière, si svelte de formes, si gracieuse, mais en même temps si petite. L'introduction de cette dernière race dans notre pays serait, selon votre commission, un véritable malheur. Ce croisement diminuerait encore la taille peu élevée de nos bêtes à corne, sans ajouter aux qualités lactifères des vaches de Lourdes surtout, si recherchées pour ce seul motif dans le midi, où elles sont même préférées, quoique incomparablement plus chères, aux meilleures Bretonnes, plus rustiques et plus sobres cependant.

» La race pure de Durham, représentée à peine par huit individus, rassemblés dans deux sections, alors que le programme en contenait cependant cinq pour cette seule catégorie, n'a pas obtenu une seule récompense, et c'était justice. Cet abandon presque complet, dans notre région, d'une race tant préconisée aujourd'hui, s'explique et se justifie dans notre pays, où les bœufs travaillent et travaillent longtemps avant d'être livrés à l'engraisseur. Les Durham, au contraire, sont et ne sont uniquement que des animaux de boucherie. Qu'importe leur précocité, si leur prix de revient est supérieur à leur prix de vente. Notre pays, cultivé uniquement par les bœufs, a besoin d'animaux de travail qui paient largement leur nourriture par ce travail même, et qui, engraissés à sept, huit ou neuf ans, donnent aux cultivateurs un excellent produit par leur viande, moins chère, mais aussi moins tendre, moins succulente que celle des Durham, quoique très bonne encore, puisque Toulouse, Bordeaux, et tout récemment, nous assure-t-on, Paris et la Normandie viennent acheter des bœufs aux marchés de Tarbes. Votre commission ne peut donc qu'encourager nos cultivateurs à n'élever que nos races à la fois de travail et de boucherie, qui leur offrent un double avantage, et à continuer de labourer nos terres avec nos bêtes à corne, plus lentes au travail, il est vrai, que les chevaux, mais dont la valeur totale ne se perd pas en vieillissant. Cette pratique, plus universellement suivie en France, aurait ce résultat heureux, de diminuer notablement le prix de la viande, de la faire entrer dans une plus grande proportion dans l'alimentation publique, et de rendre enfin cet aliment fortifiant accessible aux masses que son prix élevé met en général aujourd'hui hors de leur portée.

» Un mot et un conseil encore, Messieurs, à nos cultivateurs, puisque nous sommes entrés dans la question de la boucherie. Votre commission voudrait que nos bœufs fussent engraissés un peu plus tôt qu'on ne le fait généralement et que l'on ne conduisît au marché que des animaux complètement gras. Tout le monde, à coup sûr, trouverait son avantage à cette pratique. L'engraisseur vendrait davantage, le consommateur aurait de meilleure viande. Votre commission voudrait aussi que les veaux fussent menés plus jeunes à l'abattoir; qu'on n'abattît, en d'autres termes, que des veaux de lait et non des demi-bœufs, animaux qui n'ont que les défauts de ces deux viandes, sans en avoir les qualités. Et là encore il y aurait pour l'éleveur un bénéfice réel.

» La catégorie des races étrangères pures ne nous a présenté que quelques individus de la race Hollandaise, quelques jolis sujets de la race d'Ayr, animaux de parcs et de châteaux, dont nous ne pouvons conseiller l'introduction comme bêtes de produit. Nous ne vous parlerons que pour mémoire de quelques vaches appelées Suisses, et dont rien que le nom ne rappelait l'origine vraie ou fausse. Le jury ne leur a accordé aucune distinction.

» Les croisements Durham ont peu attiré notre attention. Il y avait certainement de belles bêtes dans cette catégorie, mais votre commission, vous l'avez pressenti et nous vous le dirons plus explicitement bientôt, croit que nous ne devons pas aller chercher au dehors et à tâtons ce que nous avons chez nous. Dix prix ont été accordés dans cette catégorie : notre département en a remporté quatre.

» Nous arrivons, Messieurs, aux croisements divers, vrai *caput mortuum,* où tout se heurte et se mêle, où tout se confond et s'entre-heurte, le Gascon avec le Suisse, l'Aubrac avec l'Agenais, le Breton avec le Cottentin, l'Ayr avec l'Ariégeois, le Lourdais avec le Bazadais, croisements faits, pour la plupart, sans suite et sans raison, et qui produisent à peine un résultat heureux sur mille déceptions. Dans cette catégorie, cependant, il y avait quelques essais intelligents à récompenser et de beaux animaux à primer. Nous avons surtout remarqué les génisses n°s 567 et 561, dont les signes indicateurs du lait nous ont frappés.

» Votre commission, vous le savez déjà, est opposée au croisement. Ce n'est pas cependant un parti pris, mais dans notre arrondissement, où trois races, au moins, ayant des qualités précieuses, se rencontrent, où chacune de ces races est classée dans les concours officiels, nous croyons qu'il faut améliorer chaque race par elle-même, et non demander aux croisements des résultats douteux. Votre commission pense donc qu'il faut agir par voie de *sélection,* choisir dans nos diverses races les animaux se rapprochant le plus du type, et améliorer ainsi la race Gasconne, la Lourdaise et l'Ariégeoise ou son analogue de la vallée d'Aure, qui peuplent notre arrondissement.

» Et, à ce sujet, votre commission propose à la Société non d'acheter des étalons, nos ressources ne nous le permettent pas encore, mais d'accorder une subvention, dont le chiffre serait fixé par vous, à trois personnes de l'arrondissement qui s'engageraient à conserver ou à acheter au moins trois taureaux (un de chaque race), et à les livrer à la reproduction moyennant un salaire qui ne pourrait être ni inférieur ni supérieur à trois francs.

» Ces taureaux-étalons seraient examinés et approuvés par une commission de votre Société. Le nombre des saillies serait fixé et ne pourrait être dépassé sous peine de perdre tout droit à la subvention promise. Le domicile de chaque reproducteur serait indiqué et varierait chaque année. Et enfin un registre des saillies, légalisé et paraphé par le maire de la commune, commencerait un *Herb-Book Pyrénéen,* analogue à celui créé par la Société d'Agriculture de Caen, à l'imitation du Stud-Book de nos espèces chevalines de pur-sang.

» Notre tâche touche à sa fin. Messieurs, nous n'avons plus qu'à vous rappeler, en vous priant de l'émettre de nouveau, le vœu déjà formulé par vous dans la séance du 3 novembre dernier, à l'occasion des primes distribuées à l'espèce bovine. Vous ne l'avez pas oublié, il fut, à cette époque, question dans le sein de la Société des préférences du jury de notre arrondissement pour l'espèce de Lourdes, alors qu'il était constant, selon nous, que quatre races se divisaient notre circonscription territoriale, races toutes utiles et ne pouvant se remplacer avantageusement les unes par les autres. Vous émîtes le vœu dont je vais avoir l'honneur de vous donner lecture :

« La Société d'Encouragement de Bagnères,
» considérant qu'il existe dans l'arrondissement
» quatre races bovines distinctes : 1° la race de
» Lourdes, 2° la race Gasconne, 3° la race de
» Barousse, 4° la race d'Aure; — considérant que
» chacune de ces races donne de très utiles pro-
» duits dans chacune des régions où elle est can-
» tonnée; — considérant qu'aucune de ces quatre
» races ne peut remplacer exclusivement et avan-
» tageusement une autre race dans une région

» autre que celle où elle est acclimatée aujour-
» d'hui; — considérant qu'il importe d'encou-
» rager la production et l'amélioration de chacune
» de ces races, toutes utiles et ne pouvant se
» remplacer les unes par les autres; — considé-
» rant que les encouragements donnés à l'espèce
» bovine sont insuffisants et peu en rapport avec
» les services qu'elle rend à l'agriculture et les
» produits qu'elle donne principalement en ce
» pays;

» Exprime le vœu : 1° que M. le Préfet caté-
» gorise à l'avenir dans l'arrêté de distribution
» des primes à donner à l'espèce bovine, les
» quatre races qui habitent l'arrondissement, et
» décide que deux ou plusieurs primes seront
» accordées aux meilleurs produits de chacune
» de ces quatre races; 2° que dans ce même arrêté
» M. le Préfet donne au jury le pouvoir d'attri-
» buer aux meilleurs produits des autres races,
» les primes que les produits défectueux d'une
» race mal représentée ne paraîtraient pas mé-
» riter, et que le jury motive sa décision sur ce
» point; 3° que le nombre et l'importance des
» primes à distribuer à l'espèce bovine soient en
» rapport avec l'utilité et les services immenses
» que cette espèce rend dans le département à
» l'agriculture, soit comme animaux de trait et
» de labour, soit comme producteurs de lait,
» beurre et viande. »

» Ce vœu fut transmis à M. le Préfet, qui, sur les observations de M. de Vougy, alors sous-préfet, décida qu'il n'y avait pas lieu d'y avoir égard, l'arrondissement n'étant peuplé que d'une seule race.

» Le concours régional est venu sanctionner l'opinion de la Société, et prouver que trois races au moins sont cantonnées dans notre circonscription administrative, savoir : la race Gasconne, dans le Magnoac et le nord du canton de Lannemezan; la race de Lourdes, dans la vallée de l'Adour et ses affluents; la race Ariégeoise, qui n'est autre que la race d'Aure, dans la vallée de ce nom et les Baronnies. — La race de Barousse n'a pas été représentée au concours, et votre commission persiste à croire qu'elle est distincte des trois autres et qu'il y a lieu de la catégoriser dans les concours de l'arrondissement.

» La commission vous propose en conséquence d'émettre de nouveau le vœu déjà formulé, et de prier M. le Préfet, dont la sollicitude pour les intérêts de l'agriculture nous est bien connue, de le prendre en très sérieuse considération. »

RAPPORT SUR L'ESPÈCE OVINE.

Membres de la Commission : MM. Dulac, Barragué fils. M. Lavigne, *Rapporteur.*

« L'espèce ovine n'était pas la moins intéressante du concours, et les races étrangères pures ou croisées nous ont offert des animaux remarquables par leur structure et la qualité de leur laine. Nous aurions pu mieux juger leur aptitude à l'engraissement, si on eût présenté des moutons et des agneaux préparés à cet effet. En revanche, les béliers étaient tellement gras que la plupart, au lieu de servir à la reproduction, seront allés droit de l'exposition à l'étal du boucher.

» Les beaux résultats que nous avons admirés du croisement de la race Anglaise avec la Lauraguaise, et ceux obtenus chez M. Dauzat-Dembarrère avec la Lourdaise, nous font espérer de pouvoir présenter un jour au concours nos races des Pyrénées croisées et améliorées. Les quelques rares sujets de ces races que l'on a exposés, n'ont guère brillé que par le développement excessif de leurs cornes; et les bergers du pays n'ont pas été peu surpris que l'on ne primât pas un pareil ornement.

» Pénétré de l'importance d'améliorer nos races, le département a encore distribué, cette année, six béliers de race *New-Kent* aux six plus beaux lots de brebis du pays. Espérons que cette récompense portera ses fruits.

» La race de Campan, facile à l'engraissement et dont la laine est belle, se rapetisse et a besoin d'un croisement qui, en modifiant sa structure, fasse aussi disparaître ses cornes. La race *South-Down* nous paraît surtout lui convenir. Les excellents pâturages de cette belle vallée et le voisinage des montagnes nous assurent un succès complet, si le croisement se fait avec l'intelligence que l'on doit y apporter. Ainsi nous croyons que jusqu'à ce qu'une race nouvelle soit établie, il convient de réformer les mâles du premier croisement, et continuer avec le bélier pur-sang le croisement par les femelles, pour n'avoir pas à craindre l'effet du recul auquel on doit sûrement s'attendre avec l'emploi des reproducteurs mâles provenant du premier croisement de nos races ovines avec un bélier d'une race quelconque améliorée.

» Votre commission pense que le premier résultat qu'il faut atteindre soit par les croisements avec les races anglaises, soit par la sélection, est la suppression des cornes. Ces appendices sont l'indice certain d'une qualité inférieure dans la viande et la laine. Que les cultivateurs s'efforcent donc de choisir pour reproducteurs des béliers non cornés, soit qu'ils les prennent, ce qui serait préférable, dans les races améliorées, soit qu'ils les choisissent parmi les quelques rares animaux de nos races que la nature a privés naturellement de ces appendices. Cette première et très importante amélioration donnera immédiatement d'excellents résultats. Nos moutons repoussés, ou tout au moins vendus moins bien que ceux des autres pays sur les marchés, reprendront faveur et permettront à l'engraisseur de nos pays de réaliser des bénéfices importants; car, on l'a déjà dit et nous ne saurions trop le répéter, l'élève et l'engraissement doivent faire la fortune de notre pays pasteur par-dessus tout. »

RAPPORT SUR L'ESPÈCE PORCINE
ET LES ANIMAUX DE BASSE-COUR.

Membres de la Commission : MM. CONDAT, ARMIRAIL.
M. DUBARRY, *Rapporteur.*

« La commission dont j'ai l'honneur, Messieurs, d'être l'organe, avait, vous le savez, été chargée par la Société de l'examen des races porcines et des animaux de basse-cour au concours de Tarbes. C'est le résultat de ses observations que je viens vous présenter. Occupons-nous d'abord de la première partie du mandat que vous nous avez confié.

» Si votre commission avait dû, par le *simple examen* des animaux présentés dans l'espèce porcine, asseoir son jugement, sa tâche eût été très difficile. Dans cette espèce, en effet, où la forme est ce qui importe le moins, où la facilité à l'engraissement est ce qui importe le plus, votre commission ne devait pas s'arrêter à une observation superficielle et devait, au contraire, chercher soit dans sa propre expérience, soit dans celle des personnes qui élèvent et engraissent des porcs, la solution de la seule question qui nous paraisse importante et que nous résumons ainsi : quelle est la race porcine qui s'engraisse le plus rapidement, le plus facilement et à meilleur marché ?

» L'espèce porcine est, vous le savez, une des bases de l'alimentation des masses en ce pays. Par sa voracité et par sa nature, cette espèce nous paraît naturellement destinée à se nourrir des résidus de la ferme et à s'engraisser, soit avec les grains, soit avec les racines qui ont le moins de valeur dans une exploitation agricole. Plus une race mangera donc facilement, gloutonnement même, de tout et toujours, plus elle se rapprochera, selon votre commission, du type que nous devons rechercher.

» Or l'expérience a démontré que les races anglaises s'accommodent facilement de toute espèce de nourriture, qu'elles prennent la graisse à tout âge, et qu'à nourriture égale un cochon de ces races pèse plus à douze mois qu'un animal de la race indigène à dix-huit.

» Ces résultats, au reste, paraissent être la conséquence rationnelle de la conformation et des mœurs des races anglaises comparées avec nos races indigènes. Les races anglaises, avec leurs jambes courtes et leur corps ramassé, aiment peu la locomotion; elles restent volontiers dans leurs loges. Or vous savez que le repos et l'obscurité portent à la graisse.

» Le cochon indigène, au contraire, avec ses longues jambes, son corps long et efflanqué, avec ses mœurs presque sauvages, présente toutes les qualités contraires. Ce n'est qu'à deux ans qu'on peut le bien engraisser, et encore faut-il prendre de grands soins pour arriver à un bon résultat. Il faut varier la nourriture à l'infini, et souvent même l'animal, quelques précautions que l'on prenne, refuse de manger lorsqu'il est à peine à moitié gras. Les cochons de race anglaise, ne se dégoûtent jamais d'un aliment quelconque, et en mangent avec la même avidité jusqu'au jour où ils sont livrés au charcutier. Cette considération devrait seule nous les faire préférer.

» On prétend que la viande du porc anglais est inférieure en qualité à celle du porc indigène : on dit que le jambon de Bayonne, tiré en très grande partie de notre pays et dont la réputation est Européenne, provient de nos races porcines : on assure enfin que les races anglaises donnent plus de graisse que de chair. Ces considérations, ces *on dit* doivent-ils, Messieurs, nous faire proscrire les races anglaises? Votre commission ne le pense pas.

» Sans nous livrer à des dissertations sur la qualité et le goût des deux viandes, nous croyons qu'une nourriture identique donnée à deux animaux de race différente dans des conditions égales doit produire des viandes sinon égales, du moins très peu différentes. Si nous remarquons, d'un autre côté, que le porc anglais est engraissé et tué plus jeune que le porc indigène, il nous paraît rationnel de conclure que la viande du premier étant plus tendre doit être par conséquent meilleure.

» La réputation du jambon de Bayonne était faite avant l'introduction des races anglaises dans ce pays. Elle est due selon nous, en partie au moins, au sel de Salies et d'Oràas employé aux salaisons. Nous croyons, par les considérations déjà développées, que la réputation de nos salaisons ne peut être amoindrie par l'élève des races anglaises, dont la viande est au moins aussi bonne que celle des porcs indigènes. Et notre opinion, Messieurs, est corroborée par les mercuriales de tous les marchés du centre et du nord de la France, où la viande du porc anglais est toujours cotée plus haut que celle du porc indigène. Quant à la graisse que les races anglaises produiraient en plus grande quantité que la viande, cet argument, en le supposant vrai, nous paraît plutôt favorable que défavorable à notre système, puisque la graisse se paie ordinairement plus cher que la viande.

» Par toutes ces considérations, votre commission n'hésite pas à se prononcer nettement en faveur des races porcines anglaises. Cette opinion, Messieurs, a été celle du jury, qui, vous le savez, n'a pas accordé une seule récompense aux verrats de race pure indigène, tandis qu'il a récompensé soit les diverses races anglaises, soit les croisements de ces races avec l'espèce porcine du pays.

» Votre commission n'est pas assez éclairée sur le mérite particulier de chaque race anglaise pour vous proposer d'en préconiser une en particulier. Il faudra peut-être quelque temps encore pour déterminer sûrement si nous devons préférer le *Yorskhire* au *New-Leicester*, le *Berskhire* au *Prince-Albert*, le *Hampshire* au *Leicester;* mais ce dont votre commission est convaincue, c'est que quelle que soit la race anglaise introduite, elle sera toujours préférable à la race indigène. — L'observation nous dira dans l'avenir quelle est celle des races anglaises qui doit avoir nos préférences. Des expériences rationnelles à ce sujet ne pourraient qu'être fort utiles.

» Une dernière question se présente encore à traiter au sujet de l'espèce porcine. Faut-il préconiser les croisements, ou au contraire n'élever que des pur-sang. Votre commission pense que les croisements sont seulement utiles pour améliorer une race que l'on ne peut absolument remplacer, mais lorsqu'une race pure peut facilement être introduite et acclimatée, il y a un avantage évident à n'élever que des races pures.

» Passons aux animaux de basse-cour. Il y avait à Tarbes une grande variété de races gallines françaises et étrangères et de nombreux croisements. Pour cette espèce, comme pour l'espèce porcine, votre commission s'est surtout préoccupée de l'utile, à savoir quelle était la race la plus *pondeuse* et celle dont la chair était la plus estimée. La grosseur relative des diverses races l'a peu intéressée, car le prix de revient de chacun de ces animaux est en rapport avec leur taille.

» La basse-cour, négligée peut-être un peu trop jusqu'à ce jour, dans notre pays surtout, a cependant dans l'économie rurale une importance considérable que l'arrivée des voies ferrées doit augmenter encore.

» De nombreux spécimens de races gallines françaises et étrangères étaient exposés au concours, nous l'avons dit. Il nous a été impossible d'examiner spécialement et en détail chaque lot. Nous ne ferons donc qu'une revue d'ensemble. Les poules Cochinchinoises ont la taille élevée, prennent assez facilement la graisse, mais restent longtemps couvertes de duvet, couvent très souvent et ne pondent presque pas. Il leur faut une nourriture choisie. Les Brahma-Poutra sont plus délicates encore que les Cochinchinoises; elles ne couvent pas aussi souvent. Mais ces deux races étrangères ne paraissent pas à votre commission assez bonnes pondeuses pour qu'il y ait lieu d'en préconiser l'élève. Les œufs, vous le savez, Messieurs, sont le principal revenu de l'espèce galline dans nos petites exploitations rurales. Il importe donc de rechercher la race ou les races qui, à nourriture égale, donnent le plus d'œufs.

» La poule indigène, inférieure à toutes les autres par sa grosseur, a, selon votre commission, des qualités précieuses. Elle est sobre, rustique, forte, se nourrit de peu, pond beaucoup et souvent. Sa chair est délicate. Elle ne couve qu'une ou deux fois par an, tandis que la poule Cochinchinoise, excellente couveuse, est continuellement occupée, on peut le dire, à faire éclore et à conduire ses poussins. On peut, dit-on, l'empêcher de couver en lui donnant une nourriture plus abondante et plus délicate, mais ces soins sont coûteux et ennuyeux, alors surtout que l'on a une basse-cour bien peuplée. La race Brahma-Poutra, plus délicate comme chair que la Cochinchinoise, exige une nourriture plus soignée encore; il faut, peut-on dire, l'élever à la main, car elle ne sait pas, dans notre pays du moins, chercher ses aliments.

» Entre ces deux extrêmes, les races Cochinchinoise et de Brahma-Poutra et la race indigène, nous avons remarqué la race de Crèvecœur. Plus petite que les Brahma ou les Cochinchinois, mais plus grande que la poule commune de ce pays, cette race, excellente pondeuse, rustique et sachant trouver dans les champs et dans les cours une partie notable de sa nourriture, nous paraît devoir être introduite dans nos exploitations. Cependant votre commission, avant de se prononcer définitivement, voudrait que des expériences comparatives fussent faites entre cette race et celle du pays. Elle voudrait aussi savoir comment se comporteraient les métis Cochinchinois, Brahma et Crèvecœur. C'est donc, vous le voyez, une expérience à faire plutôt qu'une conclusion que votre commission vous présente.

» Votre commission enfin, Messieurs, a remarqué les poules Dorking, de Padoue, etc., mais ces races lui paraissent des animaux d'amateurs plutôt que des animaux de produit.

» Les oies, les canards, les dindons et les pigeons exposés ne lui ont présenté aucun sujet d'observation dont elle ait à vous entretenir. »

RAPPORT SUR LES PRODUITS AGRICOLES ET LES ENGRAIS.

Membres de la Commission : MM. DAUPHOLE, LYTE, CLAVERIE, notaire.

M. PEIRIGA, *Rapporteur.*

« Messieurs, vous nous avez chargés d'étudier les produits agricoles et les engrais ou matières utiles à l'agriculture qui ont figuré au concours régional de Tarbes : ces produits étaient peu nombreux, et, à quelques exceptions près, d'une très médiocre importance. Notre tâche serait à la fois très ingrate et très courte, s'il ne devait être question ici que de leur mérite intrinsèque. Mais nous avons pensé que s'il ne passait sous nos yeux qu'une série d'échantillons plus ou moins bien choisis, nous avions à considérer derrière eux la production agricole tout entière, dans ses méthodes et dans ses procédés, dans ses succès et ses mécomptes, dans ses résultats économiques enfin, but final de toute entreprise agricole, qu'il ne faut jamais perdre de vue et qui a fait dire à M. de Gasparin que *l'agriculture est la science qui recherche les moyens d'obtenir les produits des végétaux de la manière la plus parfaite et la plus* ÉCONOMIQUE. Un pareil travail était trop au-dessus de nos forces, et, sans songer un instant à l'exécuter, nous nous bornerons à toucher à quelques points, à vous soumettre les considérations suivantes qui pourraient avoir une importance réelle, si elles étaient bien comprises par les cultivateurs.

» Le maïs, un des principaux produits de notre département, était représenté au concours par une seule variété : le maïs blanc, à dix ou douze rangs, à grains aplatis, qui exige, pour arriver à maturité, une très haute température, et dont la culture se trouve ainsi nécessairement limitée à la région moyenne et inférieure de la plaine de l'Adour; tandis qu'il serait souverainement imprudent d'introduire cette variété dans les hautes vallées et sur nos coteaux élevés. Le maïs jaune ou métissé blanc et jaune, variété plus rustique et donnant un produit moins abondant, mûrit sur ces derniers points, sans avoir à redouter les gelées d'automne; tandis que la variété blanche n'y arrive qu'exceptionnellement à un état de maturité suffisante; ce défaut de maturité est la cause principale du développement du *verdet*, champignons microscopiques essentiellement vénéneux, et dont les effets désastreux se sont récemment fait sentir dans nos contrées, puisque c'est à la suite de la disette de 1857, pendant laquelle nos populations ont consommé du maïs du Danube affecté de verdet, que la maladie dite *pellagre* s'est montrée chez un grand nombre d'individus qui en avaient fait usage. M. le docteur Costallat a exposé un grand nombre d'échantillons de maïs atteints de verdet, et notre infatigable collégue finira par établir d'une manière incontestable que la pellagre n'a pas d'autre cause.

» La graine de trèfle, dont un bel échantillon figurait au concours, est produite en grande quantité dans notre département, et donne lieu à un commerce assez considérable. La question des assolements nous paraît se rattacher intimement à la culture de cette plante fourragère, et notre Société doit exprimer, selon nous, une opinion bien nette sur ce sujet; c'est le plus grand service qu'elle puisse rendre aux cultivateurs de notre pays. L'assolement, dans nos contrées, est généralement biennal : on sème une céréale sur une récolte sarclée, maïs ou pommes de terre, et on fait une récolte sarclée sur la céréale qui a précédé, ou sur du trèfle incarnat obtenu en récolte dérobée après la céréale, et qui occupe le terrain du mois d'août au mois d'avril inclusivement. Or, les terres ainsi cultivées, ne recevant pour soutenir cette production incessante et toujours de même nature qu'une quantité d'engrais insuffisante, s'épuisent successivement et s'infestent de mauvaises herbes, à tel point que dans les années pluvieuses la récolte des premiers grains en est sérieusement compromise. Ce manque d'engrais provient de ce que nos prairies naturelles ne sont pas en proportion convenable avec les terres cultivées, quoique ces prairies, il faut le reconnaître, occupent tous les points où elles peuvent être utilement établies. Ainsi, en laissant de côté les cantons pastoraux de la montagne, nous pensons que les prairies sont aux terres cultivées comme 1 est à 4. — L'introduction du trèfle venant après la céréale aurait pour résultat de changer cette proportion de la manière la plus avantageuse. La moitié de la contenance totale serait ainsi consacrée à la proproduction fourragère, (1/4 prairies naturelles, 1/4 trèfle); l'autre moitié à la culture, (1/4 céréales, 1/4 récoltes sarclées.) Cet assolement serait constitué par la rotation suivante : première année, récolte sarclée, (maïs, pommes de terre, betteraves), avec forte fumure; seconde année, (froment, seigle, avoine ou orge), sans fumier, avec trèfle semé au printemps, au moment du hersage des blés, ou des semailles des grains du printemps;

troisième année, trèfle; première coupe pour fourrages, seconde coupe pour fourrage ou graine, (selon la fertilité du terrain et diverses circonstances de l'exploitation), pâturage d'automne et de printemps, jusqu'au moment où la récolte sarclée prendrait possession du sol. De cette façon, la production fourragère est doublée, et avec elle un bétail deux fois plus nombreux, ou beaucoup mieux nourri, produit une quantité de fumier double aussi et suffisante pour les besoins de l'exploitation. Le sol se trouve débarrassé des plantes adventices par l'action étouffante du trèfle, à laquelle s'ajoutent les effets bien connus d'une culture sarclée; la terre ne se trouve plus perpétuellement appauvrie par le retour non interrompu des céréales de toute espèce. — La Société devrait encourager le propriétaire, quel qu'il fût, dont toutes les terres labourables, sans exception, seraient soumises à cet assolement : elle ne saurait le faire d'une manière plus efficace qu'en accordant aux cultivateurs les plus méritants, sous ce rapport, quelques centaines de kilogrammes de plâtre ou de chaux, destinés à rendre à la terre ces éléments précieux et d'ailleurs indispensables pour réaliser et persister résolûment dans l'assolement triennal que nous proposons.

» Nous avons indistinctement désigné, comme récoltes sarclées, le maïs, les pommes de terre et les betteraves, mais il est très évident pour nous que la production de la betterave ne saurait être économiquement obtenue dans l'état actuel de notre agriculture. La betterave est surtout une plante industrielle, et tant que la fabrication du sucre n'est pas le but principal de sa culture, il est prudent d'en limiter la production à la quantité strictement nécessaire pour fournir pendant l'hiver aux bestiaux bien soignés une nourriture fraîche. La valeur de consommation de la betterave, en effet, est inférieure à ses frais de production; et cet aliment, même lorsqu'il s'obtient à raison de 40,000 kilogr. par hectare, coûte plus cher qu'il ne vaut. Nous ne pouvons, par conséquent, approuver encore la pensée d'un exposant (M. Desbons) qui a présenté au concours une fort belle collection de ces racines sous le titre de *betteraves d'assolement,* cherchant sans doute ainsi à en provoquer la culture sur une grande échelle. Mais, au fond, ceci n'est qu'une question de temps et d'opportunité, et il faut espérer que le moment n'est pas éloigné où la création de fabriques de sucre, dans nos contrées où les forces motrices coûtent si peu, assurant à la betterave toute sa valeur industrielle, nous permettra de la cultiver avec succès et profit.

» Une médaille d'or a été accordée au vin de Madiran : nous n'avons pas à examiner si, pour des causes à l'action desquelles il serait peut-être facile de le soustraire, ce vin, si généreux d'ailleurs, ne subit pas trop souvent une fermentation acétique qui le déprécie entièrement. C'est aux producteurs intelligents à s'assurer, si en suivant les conseils de la science, ils ne donneraient pas à leurs vins la stabilité qui leur manque : nous désirons seulement rechercher s'il ne serait pas possible de cultiver, sur certains de nos coteaux à pentes fortement inclinées et à peu près stériles, comme il en existe particulièrement entre Bagnères et la Neste, des vignes dont le fruit arriverait à parfaite maturité. Nos populations s'obstinent à cultiver sur ces terrains le froment et le maïs, sans remarquer que la récolte ne couvre pas communément les frais de production; quelques essais cependant ont été faits, et déjà on trouve la vigne sur les points les mieux exposés; mais les cépages cultivés sont tous de la variété appelée Piquepout, dont les grappes à grains très serrés et à peau extrêmement épaisse exigent, pour mûrir, une très haute température, que l'on ne trouve qu'exceptionnellement dans les parties inférieures du département des Hautes-Pyrénées. — Ne serait-il pas possible, malgré l'altitude générale de notre arrondissement, où mûrissent très bien la châtaigne et le maïs, d'introduire avec succès les plants du Jura, des bords du Rhin, de la Meuse, du Chablis, dont les raisins arrivent à parfaite mâturité et produisent même des vins réputés, dans des pays cependant où la température moyenne, inférieure à la nôtre, ne permet ni la culture du maïs, ni celle de la châtaigne. Nous donnons formellement, aux cultivateurs de nos contrées, le conseil de planter la vigne sur une assez grande échelle et de lui abandonner tous les terrains ingrats; mais nous leur recommandons, en même temps, de choisir pour cela un cépage du nord ou de l'est de la France, et, joignant l'exemple au précepte, quelques membres de notre Société planteront au printemps prochain des sarments venus de ces contrées; quel que soit le résultat de leur tentative, ils auront la satisfaction d'avoir agi conformément aux indications de la science, et d'avoir abandonné cette déplorable routine qui consiste à importer dans nos contrées des variétés de grains ou de fruits qui ne se trouvent pas chez nous dans les conditions climatériques nécessaires à leur complète évolution.

» M. Bualé, pharmacien à Argelés, a exposé une ruche à deux chambres qui a obtenu une médaille d'argent. L'exposant, qui s'occupe depuis longues années d'apiculture, avec intelligence et succès, a cherché à réaliser le moyen d'obtenir de chaque ruche une quantité abondante de cire et de miel, tout en conservant la population que l'on vient de dépouiller d'une partie du fruit de son travail; et sa ruche nous paraîtrait atteindre ce résultat, si les paysans de nos contrées voulaient bien accepter les conseils et les enseignements d'hommes qui connaissent les mœurs des abeilles, et qui ont déduit d'une judicieuse et continuelle observation les méthodes les plus avantageuses; mais il n'y a pas lieu de l'espérer, et nous pensons qu'il vaut mieux conseiller aux paysans de conserver leur ruche, mais d'en changer le mode d'exploitation. Vous savez, Messieurs, comment on traite les abeilles dans nos contrées; — on procède de deux façons différentes :

» Le premier procédé, que nous appellerons procédé par *extermination*, consiste à choisir les ruches les plus riches en miel, et qui ont déjà fourni un ou plusieurs essaims dans la belle saison, et à exterminer la population restante vers le commencement de septembre. On s'empare des provisions que la ruche renferme, et elles sont souvent considérables; deux ruches ainsi traitées ont fourni ensemble 14k400 de miel et 2 kilogr. de cire. — Communément, on fait périr bien vite les abeilles, en recevant dans l'intérieur de la ruche la fumée que l'on obtient en projetant des feuilles de pêcher sur un brasier ou sur une plaque de fer bien rougie; les abeilles, asphyxiées ou empoisonnées, tombent bientôt en masse et périssent. C'est ce procédé, que tous les auteurs appellent barbare, et cependant nous n'hésitons pas à le regarder comme le meilleur que puissent mettre en pratique ceux qui ne savent ou ne veulent rien apprendre de positif sur les mœurs des abeilles.

» Dans le deuxième procédé, bien répandu aussi, on voit du moins percer la préoccupation de conserver les abeilles, auxquelles on se contente de prendre une partie du miel; la moitié environ de celui que renferme la ruche; l'autre moitié est laissée aux abeilles. Cette opération se fait vers le commencement de décembre. Pour les tailler de la sorte, on les enfume avec précaution à l'aide d'une mèche formée de chiffons d'étoffe de lin, de manière à les repousser vers la partie supérieure, vers la voûte de la ruche : le miel et la cire qui se trouvent dans la moitié inférieure sont enlevés; mais cette récolte est presque toujours insignifiante, et le but que l'on se propose d'obtenir, celui de conserver les abeilles, est très certainement manqué. On les extermine sans le vouloir, c'est-à-dire qu'on les met dans des conditions qui doivent prochainement et infailliblement les faire périr. En effet, il arrive très souvent que les provisions de la partie supérieure sont insuffisantes, ou que, la saison froide durant trop longtemps, les abeilles meurent de faim; on enlève ensuite par la taille les rayons les plus abondamment pourvus de couvain, c'est-à-dire, les germes dont le développement au printemps suivant fournirait ces nombreuses populations destinées à remplacer les abeilles plus vieilles qui quittent la ruche sous forme d'essaims. Enfin, comme on ne touche jamais à la partie supérieure des ruches, il existe dans ce dôme des rayons qui vieillissent, s'altèrent, favorisent le développement des teignes et de tous les ennemis des abeilles; et il advient bientôt que la ruche, qui n'a jamais fourni que des récoltes sans valeur, est entièrement perdue; c'est ce malencontreux procédé, cent fois pire que le procédé par extermination, qui cause la la perte des abeilles ici, ou du moins dans les Baronnies, où il est exclusivement employé, de sorte que cette intéressante industrie est ou stationnaire ou en pleine décadence : et cependant il y aurait un vrai profit dans l'exploitation bien entendue des abeilles : mais pour obtenir ce résultat, il faut changer de ruche ou de méthode; nous pensons qu'il faut prendre ce dernier parti. Il ne faut ni exterminer ni tailler les abeilles : il faut les déloger, en les frappant d'anesthésie, en les mettant dans un état de mort apparente. On y parvient aisément, en dirigeant par la partie supérieure de la ruche, qui présente une petite ouverture, un courant de gaz bi-oxyde d'azote provenant de la combustion d'une certaine quantité de papier nitré. Les abeilles tombent bientôt en masse dans une boîte sur laquelle on a eu le soin de poser la ruche ; on se hâte de les introduire dans une autre ruche peuplée, dont on a eu le soin d'enfumer aussi très légèrement la population. Il survient assurément du trouble dans l'habitation ; mais bientôt l'une des reines est tuée, et ses sujets reconnaissent l'autorité de celle qui survit ; la population doublée travaille avec ardeur à ramasser d'abondantes provisions. L'année suivante, cette ruche bien peuplée fournira de nombreux et puissants essaims et donnera en outre une abondante quantité de miel, lorsque, vers la fin du mois d'août, on délogera le dernier groupe d'abeilles pour le joindre à une ruche déjà abondamment pourvue.

» Parmi les matières utiles à l'agriculture exposées à Tarbes, nous avons à signaler le plâtre, la chaux, le sel marin et les cendres de lignite ; nous connaissons déjà les succès qui attendent les cultivateurs qui auront le soin de plâtrer leurs prairies artificielles et de chauler leurs terres labourables ; et nous pensons que l'emploi de ces matières sera toujours avantageux, et sur bien des points entièrement nécessaire, pour réaliser l'assolement triennal dont nous avons parlé.

» La cuisson de la chaux par le lignite nous fait espérer une baisse considérable sur ce produit. Cette baisse s'est déjà produite, il est à désirer qu'elle se maintienne.

» Nous ne sommes pas encore assez bien fixés sur l'utilité spéciale du sel marin comme stimulant des sols arables, pour en préconiser l'emploi. Cette matière nous paraît cependant être très utile dans diverses situations agricoles.

» La commission n'a pas encore de renseignements précis et scientifiques à vous donner sur les cendres de lignite; des essais sont commencés, et une commission spéciale, nommée par vous, pourra bientôt vous communiquer les résultats obtenus. Mais nous ne pouvons que nous féliciter de voir s'augmenter le nombre des substances à bon marché, qui, ajoutées au sol labourable, auront pour résultat d'augmenter les produits obtenus et d'en améliorer les qualités.

» Enfin, Messieurs, votre commission a distingué et vous signale particulièrement le beau travail de M. Dives, pharmacien à Mont-de-Marsan, sur le pin; elle le propose comme le meilleur modèle que puissent suivre ceux d'entre vous qui auraient l'intention de faire l'histoire complète d'une espèce végétale. M. Dives a présenté la collection complète de tous les produits du pin : galipot ou exsudation brute du pin, résines, colophane, thérébentine, huile de résine, graines à base de résine, goudron, noir de fumée, poutres, planche, graines, et enfin l'arbre lui-même à tous ses degrés de végétation; rien n'y manquait, depuis la semence qui germe, jusqu'au tronc qui se meurt. »

RAPPORT SUR L'ESPÈCE CHEVALINE.

Membres de la Commission : MM. Dupont, Bruzau, Uzac, Vilon-Coy.

M. Soulé-Laspalles, *Rapporteur*.

« Messieurs, la commission chargée par vous de l'examen de l'espèce chevaline au concours régional de Tarbes a eu le très vif regret d'être privée du concours de son honorable président, retenu chez lui par un état de santé doublement regrettable ; mais si nous avons été privés de ses lumières, qui nous eussent été si précieuses, nous avons eu la satisfaction de voir les idées de la commission approuvées par M. Dupont.

» Puisque nous en sommes aux regrets, qu'il nous soit permis d'exprimer celui de n'avoir pas vu un peu plus d'ordre et de méthode présider à l'organisation de cette branche si importante du concours ; défauts qui ont eu pour conséquence la mise hors de concours de quelques animaux de premier ordre, faute de distribution de cartes d'entrée en quantité suffisante aux éleveurs, et qui ont failli mettre votre commission dans l'impossibilité de remplir la mission dont vous l'aviez chargée, par suite de l'exclusion absolue de toutes personnes étrangères de l'enceinte de l'exhibition. Sans doute le jury avait besoin de toutes ses aises pour opérer, mais il nous semble que, vu la brièveté du temps de l'exhibition, il y aurait eu avantage pour tous à admettre dans l'enceinte de l'exposition des visiteurs, qui n'auraient en rien gêné les opérations du jury sur l'immense développement de terrain qu'il avait choisi.

» Quoi qu'il en soit, grâces à l'obligeance de quelques exposants, qui ont bien voulu nous prêter leurs cartes, nous avons pu pénétrer dans l'enceinte, et, à la faveur de ce petit *faux en matière de supposition de personnes*, il nous a été donné d'assister aux opérations du jury, à qui nous sommes heureux de n'avoir plus que des éloges à donner.

» En effet, jamais peut-être commission d'examen ne s'était trouvée en face de difficultés pareilles. Huit cent cinquante chevaux de toutes catégories à classer, à examiner, à récompenser, cent médailles à distribuer, et cela en quelques heures; voilà la situation faite à la commission, à qui l'on semblait demander l'impossible; et cependant, grâces aux lumières de la plupart des membres, aux connaissances spéciales de quelques uns et au zèle de tous, l'impossible a été vaincu, la commission a rempli son mandat, nous devons le dire, à la satisfaction de tous, sauf une ou deux erreurs qui seraient inexplicables, si nous ne supposions qu'on avait voulu primer l'origine.

» Mais si les difficultés si heureusement surmontées par le jury ont été si grandes, ces difficultés ne devenaient-elles pas des impossibilités radicales pour votre commission, qui, sans parler de l'infériorité de ses lumières, avait à peine deux ou trois heures devant elle pour examiner et juger à son point de vue une si nombreuse et si intéressante réunion de chevaux.

» Vous ne vous attendez pas, Messieurs, de notre part à un examen de détail que vous avez, comme nous, reconnu impossible. C'est donc une impression d'ensemble, tout au plus un contrôle des choix faits, que votre commission doit vous présenter, réservant quelques observations de détail et quelques réflexions qui en découlent pour l'examen des poulinières de demi-sang, qui nous semblent être la partie la plus intéressante du concours, au triple point de vue de l'utilité générale, de l'intérêt du département et de celui de l'éleveur.

» Nous l'avons dit, huit cent cinquante chevaux ont été admis et divisés en catégories :

» Etalons de pur-sang, — juments poulinières de race pure, suitées ou non, de quatre ans et au-dessus, — poulains de un à trois ans, de toute race, — pouliches de pur-sang et de demi-sang d'un an à trois ans, — enfin juments de demi-sang.

» Cette classification n'a pas paru à tous irréprochable; en effet, il ne nous semble pas juste de faire concourir pour le même prix des chevaux de pur-sang et de demi-sang, comme on l'a fait pour les poulains et pour les pouliches; cependant nous ne nous en plaignons pas, car, à part quelques exceptions, les demi-sang de ces catégories, quoiqu'ils ne nous aient pas complètement satisfaits, n'étaient guère inférieurs à leurs concurrents de pur-sang.

» Pour nous, qui ne pouvons faire comme le jury, que nous ne pouvons suivre, nous établirons deux grandes divisions : les pur-sang et les demi-sang. Nous passerons un peu rapidement sur les premiers, pour arriver de suite aux seconds, qui, nous l'avons dit, nous paraissent être la partie *essentielle* du concours.

» Les chevaux de pur-sang exposés étaient tous de race Anglaise, sauf peut-être une jument de race Anglo-Arabe.

» S'il fallait juger la race Anglaise par les échantillons présentés à Tarbes, on aurait une triste opinion de cette race ; si on la jugeait même sur les échantillons présentés au concours général de Paris, on s'exposerait à une appréciation fausse, on serait sûrement injuste. C'est qu'en effet le cheval Anglais né, élevé et résidant en Angleterre, n'est pas du tout ce qu'on vous a montré ici et là-bas, c'est-à-dire, ce quelque chose de mal bâti, mal cousu, long, étiré, plat, disproportionné dans son corps et dans sa membrure, la tête morne et sans cachet, sans cachet surtout. Et il n'en saurait être autrement ni ici, ni là-bas. Parce que, à Paris, la mauvaise direction imposée au jeune sujet par les nécessités du turf en a fait le cheval usé et taré que vous savez, cheval qui ne peut plus rien par lui-même et qui ne peut pas davantage comme reproducteur. Dans ce département, aux raisons ci-dessus il faut ajouter celles plus délétères encore d'une alimentation insuffisante, d'une gymnastique nulle, d'une éducation mauvaise; et ici le mal est fatal, irrémédiable; on ne peut faire mieux, l'extrême division de la propriété s'y oppose; il ne faut pas perdre de vue que dans ce département c'est le petit propriétaire qui est éleveur.

» Mais nous allons plus loin. Quand bien même on pourrait faire disparaître les causes de non-succès qui existent ici et là-bas, c'est-à-dire, *excès* et *défaut,* on n'aurait pas encore le cheval Anglais; ce ne serait jamais qu'un cheval *Français* de race Anglaise; car si, comme le dit le très compétent M. Gayot dans un remarquable travail sur l'espèce chevaline au concours général de Paris (*), « l'une » des choses les plus difficiles de la zootechnie » est l'acquisition pleine et entière, sans dé- » chéance, d'une race importée, la tâche est » encore plus difficile quand elle a pour objet » une race chevaline. » Et si vous aviez besoin, Messieurs, d'une démonstration *de visu,* vous n'auriez qu'à vous rappeler ce que nous disait, à une des précédentes séances, notre collégue M. Dulac, à propos de l'espèce bovine, à savoir, qu'un étalon et sa femelle, importés d'Angleterre, qui, quoique soumis au même régime et à la même hygiène qui avaient présidé à leur éducation du jeune âge, n'avaient, tout en conservant eux leurs qualités primitives, donné que des pro-

---

(*) *Journal d'Agriculture pratique* (1860.)

duits défectueux n'ayant aucune ou presqu'aucune des qualités de leurs générateurs.

» Est-ce à dire pour cela qu'il faille proscrire le pur-sang Anglais ?

» Oui et non; oui, car nous ne saurions préconiser l'élève et engager le cultivateur de notre pays à produire cette race, qui nous paraît un objet de luxe et qu'il faut laisser aux personnes riches, aux gens à la mode; — oui, comme créateur de race, et ceci s'entend particulièrement de la femelle, dans ce pays surtout.

» Non, comme modificateur utile et puissant, et ceci s'entend surtout de l'étalon; mais il faut en user sobrement, dans de justes limites et dans les cas que nous indiquerons plus loin.

» Nous arrivons au demi-sang. Certes, Messieurs, au point de vue du nombre, c'était quelque chose de vraiment remarquable que cette réunion; on peut à peine croire qu'un département (celui des Basses-Pyrénées comptait pour peu de têtes) qu'un département, disons-nous, possède une pareille richesse, et encore bon nombre de poulinières, et de mérite, n'avaient pas été présentées; est-ce à cause de l'exiguité ou du peu de valeur des récompenses? nous ne le croyons pas, et l'ensemble de la présentation semble confirmer notre pensée; nous croyons plutôt que que cela tient à l'hésitation mise à admettre au concours l'espèce chevaline, admission qui n'a été décidée presque qu'au dernier moment.

» Malgré tout, répétons-le, la réunion était nombreuse, de manière à satisfaire les plus exigeants. Mais en était-il de même quant à la qualité? Quoi qu'il en coûte, il faut bien avouer que non. Et pourquoi ne le dirions-nous pas? Indiquer franchement le mal, n'est-ce pas engager à chercher le remède, et le remède existe, on le trouvera.

» Disons donc le mal. Et d'abord, Messieurs, ce qui a frappé votre commission, ce sont les différences qui existent entre les jeunes sujets et les poulinières d'une part, et entre les mères jeunes encore et celles d'un âge plus avancé. Nous avons trouvé parmi celles-ci, et nous sommes heureux de le dire, des types presque irréprochables de cette belle et bonne race Bigourdane, si justement estimée; mais à mesure qu'on descend l'échelle de l'âge, le caractère distinctif s'efface, les lignes deviennent moins pures, la finesse des attaches diminue, l'élégance des formes disparaît, et cela est sensible surtout quand on arrive aux jeunes sujets, nous parlons surtout des pouliches, car nous n'avons pas à nous occuper des poulains dont l'école de Saumur nous avait enlevé la fleur.

» A la place des qualités dont nous déplorons la perte, qu'a-t-on obtenu? *Un peu plus de taille.* La taille, voilà malheureusement la grande préoccupation des éleveurs; mais cette taille si recherchée, si vous ne pouvez l'obtenir qu'aux dépens de l'harmonie, de la grâce, de la souplesse unie à la force, du cachet, de cette physionomie si intelligente et si résolue qui font de nos chevaux Bigourdans quelque chose d'inimitable, et que le très honorable colonel Martin a si bien caractérisés par ces mots : chevaux d'expression; cette taille tant estimée faudra-t-il la chercher à ce prix? Ne la repousserez-vous pas, au contraire, comme un malheur? Mais voulussiez-vous l'obtenir à tout prix, quand même, vous ne le pourriez pas; si vous l'avez acquise un moment, à chaque génération nouvelle elle diminuera, et vous ne serez parvenus, au bout d'un certain temps, qu'à anéantir votre précieuse race, sans atteindre le but désiré, car le climat s'y oppose, l'influence du sol et de la nourriture pèseront toujours sur vos produits.

» La voie est mauvaise; il faut en sortir : il faut revenir aux anciens errements; nous avons encore quelques-uns de ces vieux types qu'avaient fondé les *Darius*, les *Ourfali*, les *Circassien*, et que des métissages intelligents et appropriés avaient fixés en race; il faut les conserver précieusement, les accoupler avec intelligence; ramener au type primitif en corrigeant les produits des mères plus ou moins dégénérées, et cela en revenant au sang oriental pour recréer en quelque sorte d'abord, et à un bon métissage pour fixer ensuite. Nous disons le *sang oriental*, parce que c'est celui qui paraît convenir surtout à notre pays; et notre opinion est basée non seulement sur l'expérience locale, mais sur des observations plus généralement faites. Ecoutez plutôt ce qu'écrit M. Lafosse dans un très remarquable travail sur les moyens d'amélioration des races : (*)

(*) *Journal d'Agriculture pratique pour le Midi de la France*, publié par les Sociétés d'Agriculture de la Haute-Garonne et de l'Ariége (1860.)

« Le climat et la nourriture de nos contrées » produisent des modifications d'un autre ordre » sur les chevaux qui nous viennent du midi de » l'Europe, du nord de l'Afrique ou de l'Asie » occidentale. Ces animaux d'une texture plus » dense que les nôtres, parce qu'ils sont soumis » à l'action d'une chaleur plus intense, d'un air » plus sec et d'une nourriture plus excitante et » plus alibile, donnent chez nous des descendants » dont la taille et l'ampleur de toutes les parties » dépassent celles de leur producteur. »

» D'où M. Lafosse tire la loi suivante : *l'accroissement de la longueur, de l'ampleur, sous l'influence d'un climat moins chaud et plus humide, d'une nourriture moins excitante et plus aqueuse, à laquelle nous devons rapporter les succès relatifs que nous avons obtenus en poursuivant l'amélioration de nos races par le sang oriental, plutôt que par le sang anglais*, auquel M. Lafosse applique par contre la loi inverse : *l'élongation ou plutôt la diminution de la largeur par rapport à la longueur, chez les sujets des contrées humides importés jeunes dans les contrées qui le sont moins, dont l'intervention a concouru pour une part trop généralement répartie sur la génération, a produit dans nos races chevalines un effet qui a en partie neutralisé ce que nos races ont gagné sous le rapport de la taille par leur croisement avec le sang anglais.*

» Voilà, Messieurs, les impressions de votre commission, et les réflexions qu'elles lui ont suggérées. Après avoir indiqué le mal, elle croit aussi avoir trouvé le remède, qu'elle résume ainsi avec M. Lafosse, qui formule mieux nos idées que nous ne pourrions le faire nous-même :

» 1° Croisement de nos juments trop petites ou trop peu distinguées, et dans des proportions que les effets obtenus peuvent seuls servir à déterminer, tantôt avec l'étalon Arabe, tantôt avec l'étalon Anglais.

» Voilà le point de départ de l'amélioration par la génération.

» 2° Métissage des juments et des étalons obtenus par croisement, parvenus autant que possible au type qu'il s'agit de réaliser.

» Voilà le terme de l'amélioration par ce puissant moyen.

» 3° Si la descendance des métis reproduit avec constance les caractères de ses procréateurs, la race est créée. Alors la *sélection* exempte de consanguinité suffit à l'entretien, au perfectionnement des résultats obtenus. Que si une certaine oscillation se manifestait encore, on ramènerait à l'équilibre par le retour aux améliorateurs primitifs.

» Ajoutons que l'hygiène et une bonne alimentation contribuent pour une très large part à nous conduire au résultat poursuivi.

» Notre tâche est terminée, Messieurs; nous devons dire cependant qu'à l'Etat seul appartient de venir en aide aux éleveurs; nous ne pensons point que l'industrie privée puisse, sans grand dommage pour la population chevaline, remplacer cette belle institution des Haras, qui a rendu à la France de si grands services, et qui est appelée à en rendre d'aussi grands encore, à la condition formelle que se dégageant franchement des influences qui l'ont fait dévier de sa route, elle revienne à ses anciens et glorieux errements.

» Nous terminons en priant la Société d'émettre le vœu :

» Qu'à côté des étalons Arabes et Anglais figurant au dépôt de Tarbes et dans nos stations qu'il dessert, il y ait un nombre assez considérable d'étalons de demi-sang bien choisis dans le département, qui permettent à l'éleveur de s'arrêter aux limites où il sent que son intérêt lui commande de ne pas persévérer davantage dans l'emploi du pur-sang. »

MACHINES AGRICOLES
ET INSTRUMENTS ARATOIRES.

RAPPORT DE M. VAUSSENAT.

« Messieurs,

» Si le concours régional de Tarbes a eu le privilége de faire entrevoir des horizons nouveaux aux efforts de nos populations essentiellement agricoles, il faut bien avouer que la plus grande part de cet enseignement revient à l'exhibition des INSTRUMENTS, MACHINES, USTENSILES et APPAREILS AGRICOLES.

» Nos agriculteurs connaissaient bien la supériorité de leurs espèces animales sur celles de la plupart des départements voisins. Aussi la vue des beaux spécimens de toutes les races qui constituent l'ÉLÈVE DU BÉTAIL dans notre région, n'a-t-elle excité chez eux qu'un légitime mouvement d'amour-propre.

» D'autres de nos confrères ont dit les titres qui établissent la suprématie de notre département dans l'élève de certaines races et espèces qui lui sont propres. Quant à nous, après avoir constaté l'état d'ébahissement dans lequel sont restés plongés la plupart de nos agriculteurs, à la vue de cet immense appareil de machines et d'instruments, qui apparaissaient pour la première fois à leurs yeux émerveillés, nous viendrons auprès d'eux combler la lacune qu'a formée le manque d'*essais pratiques sur le sol,* essais qui auraient été en même temps la confirmation des décisions du jury, un germe fécond jeté dans l'esprit de nos agriculteurs et enfin un terme à *leurs* POURQUOI *auxquels* rien n'est venu répondre.

» Constatons néanmoins avec bonheur que la date du 24 mai 1860 est celle où commence une ère nouvelle pour notre pays. — Depuis cette époque, du reste, les résultats ont parlé.

» L'agriculture est une science de faits; elle ne peut marcher isolément, on ne peut arriver à de grands progrès sans lui appliquer les découvertes qui, depuis près d'un siècle, changent constamment la situation respective des peuples sous les rapports scientifiques et sociaux; nous marchons à grands pas vers sa perfection; de toutes parts jaillissent des lumières : *Comices* et *Sociétés* qui vulgarisent, *Concours* qui rassemblent et qui créent les nobles émulations. — Les secrets et les données empiriques disparaissent successivement pour faire place aux *faits* concluants des sciences appliquées. — La *statistique* nous fait connaître les développements progressifs des améliorations fondamentales, et enfin nous osons dire que pour porter l'agriculture à son plus haut degré de perfection, il ne reste plus qu'à faire aimer cet art à ceux qui le pratiquent, et qu'il suffirait pour cela de les faire jouir de la considération qui leur est due, à raison de leurs services incontestés et incontestables.

» Tout progrès matériel a pour but une amélioration de condition; tout progrès agricole a pour but la plus grande production avec le moins de dépenses possible. La *vie à bon marché* résulte de l'ensemble de ces vues. En agriculture, comme dans toute industrie, le travail effectif est le premier élément de la production. Améliorons donc le travail effectif.

» Nous avons le bonheur de vivre à une époque où l'homme tend à relever sa dignité et à dompter de plus en plus la matière, où l'intelligence cherche davantage à commander à la force brute : de là les machines puissantes et actives destinées à épargner de pénibles sueurs, et à utiliser à de nouveaux travaux les millions de bras et d'échines qui se brisent en se courbant encore sur la terre.

» Cette tendance, ce besoin, s'est fait si généralement sentir, que toutes les émulations, toutes les intelligences se sont rencontrées sur cette voie, et ce n'est pas un mince enseignement que de voir, presque la même année, sur deux points opposés du globe, GRANGÉ, l'humble valet de ferme du Jura, et JEFFERSON (président des Etats-Unis d'Amérique), le chef d'un Etat libre et puissant, employer tous deux leurs instants de loisir à la construction de charrues qui portent encore leur nom, et dont les formes et les dimensions sont déduites des règles les plus sévères du calcul.

» Le plus bel ensemble de toutes les machines et outils agricoles inventés jusqu'à ce jour, les expériences les plus décisives auxquelles elles ont été soumises, datent de l'exposition universelle de 1855.

» Depuis cette époque, on n'a pu constater que des améliorations indiquées par la pratique et que nous ont apprises les journaux et les publications spéciales. L'Exposition de Tarbes ne présentait rien de nouveau, mais elle nous a fait connaître un progrès récent, un progrès immense. L'Angleterre et l'Amérique avaient encore conservé le monopole des machines agricoles; aujourd'hui la France s'en est affranchie. Dans tous les coins où se dressent un étau et une forge, dans tous les centres où un mécanicien industrieux (comme en savent former nos écoles) se trouve en contact avec des agriculteurs intelligents, on voit surgir des machines et des appareils de toute sorte et ne s'écartant que peu ou point des modèles consacrés, ou ne s'en écartant que pour les perfectionner.

» Si nous avions à vous entretenir de chacune des belles machines qu'il nous a été donné d'examiner, il faudrait de gros volumes, et nous ne vous apprendrions que peu de chose encore, tant la variété en est grande.

» Ce que nous pouvons dire, c'est que tous les types étaient présents à l'exposition, et le jury n'a eu à récompenser que des modifications importantes apportées aux détails ou à la construction, ou bien il n'a eu, à l'aide de rappels de médaille, qu'à consacrer les prix obtenus antérieurement.

» La détermination que vous avez prise, Messieurs, de faire que votre examen du concours régional de Tarbes soit distribué séparément à nos populations rurales et serve ainsi à l'instruction du plus grand nombre, me porte à saisir cette occasion pour parler des machines agricoles, de manière à frapper bien plus l'esprit que ne le ferait une longue énumération de machines, parsemée des termes techniques qui accompagnent ordinairement un examen détaillé, termes encore inconnus à la plupart de ceux pour qui nous écrivons.

» Après avoir établi que tous les types de machines étaient présents à Tarbes, je vais successivement dire quelques mots de chacun d'eux, et cela dans un ordre un peu différent du programme :

» Tous les instruments et toutes les machines qui composent ce qu'on est convenu d'appeler le *matériel agricole,* se divisent en quatre catégories :

» 1° Ceux employés à la préparation du sol,

aux ensemencements et à la culture des plantes; ils comprennent : les CHARRUES, EXTIRPATEURS, SCARIFICATEURS, HERSES, ROULEAUX, SEMOIRS, HOUE A CHEVAL, BUTTEURS, RIGOLEURS, etc.....

» 2° Ceux à l'aide desquels on opère les diverses récoltes : SERPES, FAUX, FAUCILLES, MACHINES A MOISSONNER, MACHINES A FANER, etc.....

» 3° Ceux nécessaires à la préparation des produits agricoles : FLÉAUX, ROULEAUX A DÉPIQUER, MACHINES A BATTRE, TARARES, CRIBLES, ÉGRENOIRS A MAÏS, etc.....

» 4° Les machines dont on fait usage pour préparer la nourriture des animaux : COUPE-RACINES, HACHE-PAILLE, MOULIN A BROYER, APPAREILS POUR LA CUISSON DES ALIMENTS, etc.....

» Les machines les plus simples de cette énumération, celles de la première et deuxième catégories, sont desservies par l'homme, par des bœufs ou par des chevaux. — Les autres peuvent l'être par des chevaux ou des bœufs, des moteurs hydrauliques et des moteurs à vapeur.

» Les caractères principaux que doivent présenter les machines ou instruments mis en jeu par les hommes, sont :

» 1° La *simplicité*, afin que le mécanisme de leur construction ou de leur emploi soit à la portée de l'intelligence des ouvriers de la campagne;

» 2° La *solidité*, afin d'éviter des réparations qui ont pour inconvénient ordinaire d'être coûteuses, et pour plus grand inconvénient encore des suspensions fâcheuses dans le travail.

» Les machines mues par les animaux doivent présenter la plus grande légèreté jointe à la plus grande perfection dans leurs organes de *réception;* la disposition de ces derniers varie :

» Suivant la forme ou le poids de l'instrument;

» Suivant le volume de leurs parties incisives;

» Suivant le travail à exercer, la résistance du sol et la pente des terres ;

» Et enfin suivant la vîtesse de l'attelage.

» Les autres appareils, qu'ils soient fixes ou mobiles, doivent présenter :

» Le volume le plus restreint;

» Le service le plus commode;

» Le prix le moins élevé.

» Tels sont les points généraux auxquels se rattachent les conditions économiques d'un bon matériel agricole.

» La plupart des machines énumérées ci-dessus sont susceptibles d'être employées dans notre région ; d'autres sont indispensables à un travail économique; c'est pour cela que nous en dirons quelques mots :

» Charrues.— La charrue est la première machine de l'agriculture. Elle épargne les bras de l'homme, en remplaçant dans les champs la bêche dont on se sert dans les jardins. Traînée par un attelage de bœufs ou de chevaux, elle fait autant d'ouvrage dans la journée que trente ouvriers qui travailleraient à la bêche.

» On compte en France 25 millions d'hectares

de terre labourable.— Dans l'assolement triennal, qui est le plus généralement usité, la terre reçoit 4 labours en 3 ans ou 1 labour 1/3 par an. Il faut 3 journées d'une charrue primitive, attelée de trois chevaux ou de deux bœufs, pour labourer un hectare. Pour un labour et 1/3 de labour, il faudra donc 4 journées de charrue, soit 12 journées d'un cheval. Sur 25,000,000 d'hectares, il faudra donc 75 millions de journées de charrues ou 300 millions de journées de chevaux. — Que cette charrue soit améliorée, de manière qu'il en résulte un avantage de 1/4 seulement, et l'on aura économisé 75 millions de journées de cheval, qui, à 2 francs l'une, représentent une somme de 150 MILLIONS de francs.

» Ce qui est vrai pour la totalité de la France n'en est pas moins vrai, et dans la même proportion, pour un département, un arrondissement ou un canton.

» Pour cultiver le sol arable de la France, on emploie annuellement 75 millions de journées de charrues. — Si cet instrument n'existait pas, il faudrait, pour le remplacer, 30 fois 75 millions, soit 2,250,000,000 de journées d'ouvriers. — Divisant ce nombre par 365 jours de l'année, on voit que le labour des terres occuperait 6,000,000 d'hommes valides et robustes. En admettant que les dimanches et fêtes, les jours de pluie, de neige, etc., restreignent à six mois par an le temps du labourage, cette opération emploierait chaque année les bras de 12 MILLIONS d'hommes.

» On peut donc le reconnaître, faute de charrue les 3/4 de la France resteraient incultes, et faute d'une bonne charrue, la terre est mal et chèrement cultivée, les dépenses plus grandes, les produits moindres.

» Les perfectionnements dont la charrue est susceptible, tendent vers deux résultats :

» 1° Diminution de la force motrice;

» 2° Amélioration du labour.

» Une mauvaise charrue ne fait qu'un labour superficiel, une bonne charrue permet de doubler l'épaisseur de la couche végétale. — Or l'approfondissement rationnel du sol accroît d'autant sa puissance productive.

» Toutes les charrues se divisent en deux classes : l'*araire* ou charrue simple, et les *charrues à avant-train*. Et chacune de ces classes se subdivise en autant de variétés qu'il y a de travaux spéciaux à opérer. — Depuis les charrues Dombasle et Grangé, il en a été produit plus de cinquante, toutes de modèles et d'usages différents. L'exposition de Tarbes présentait près de cent cinquante spécimens de charrues de toute sorte, mais dont quelques-unes ont surtout attiré l'attention du jury par l'ensemble de toutes les qualités qu'elles présentaient. Ce sont les charrues de M. Martres, à Castandet (Landes), et surtout celles de M. Cazeaux, de Mugron (Landes).

» Ces dernières, d'un prix peu élevé, sont presqu'entièrement en fer, d'une légèreté remarquable, d'une réparation facile, et sont surtout appropriées aux labours de la plupart de nos terrains en pente. Le prix de ces charrues varie de 45 fr.

à 90 fr. Cet exposant a promis de confier à la Société quelques spécimens de ses charrues.

» On a beaucoup écrit sur les charrues; aucune ne peut être, sous le point de vue économique, d'un emploi universel; dans notre département, où toutes les natures du sol se présentent, il faut autant de charrues spéciales; c'est donc la nature du sol à labourer qui doit faire préférer telle ou telle charrue.

» On ne doit pas se dissimuler que l'augmentation de la valeur locative du sol pendant ces dernières années, n'ait eu pour point de départ l'adoption presque générale de charrues perfectionnées. En 1790, le nombre de charrues fonctionnant dans tout le territoire Français s'élevait à 920,000. Aujourd'hui ce nombre est à raison d'une charrue par 20 hectares, soit 300,000, aux mains d'un nombre égal de laboureurs. Ceci ne fait-il pas voir la nécessité d'exposer les principes de mécanique agricole dans des livres élémentaires, et non pas de reléguer ces principes dans des ouvrages de haute science? Un manuel simple et précis du laboureur manque encore à l'agriculture, bien que cependant les matériaux de ce livre soient renfermés dans les ouvrages de Dombasle, de Valcourt, de Gasparin, et surtout dans les récents travaux de Moll et de Barral.

» Houe a cheval. — Cet instrument surtout utile à la culture spéciale ou à la petite culture, présente, avec la houe à main, la même différence que celle qui existe entre la bêche et la charrue.— Conduite par un homme et un cheval, la houe attelée fait autant d'ouvrage dans une journée que 25 ouvriers travaillant à la houe ordinaire. Elle est surtout spécialement employée pour les binages, les cultures superficielles, les dégazonnements, etc. — Le meilleur type présenté à l'exposition est celui de M. Fourmigué, de Mirande; son prix d'achat est de 90 fr.

» Herses.— L'action de la herse complète celle de la charrue, et en outre elle nivelle les inégalités du sol. — On herse pour les semences, on herse pour détruire les herbes faiblement enracinées ainsi que pour extraire du sol les racines traînantes.

» Il y en a deux espèces, qui toutes deux ont figuré à l'exposition :

» La herse traînante;

» La herse roulante.

» Les premières étaient représentées par M. Capelle, de Montauban, et M. Cazeaux, de Mugron.

» Les deuxièmes, qui ont eu les honneurs du concours, étaient celles de M. Fourmigué, de Mirande. — Celle-ci était cependant d'un prix assez élevé (230 fr.), tandis que la herse de M. Cazeaux (herse Valcourt) n'est que de 45 fr., et qu'une très bonne herse présentée par M. Tajan, de Bayonne, n'était que de 50 fr.

» Rouleaux, Scarificateurs, Extirpateurs. — L'usage du rouleau est peu connu dans notre pays. — C'est cependant à son emploi que l'on doit la conservation des grains après les semailles, une plus grande égalité dans la pousse des céréales, enfin l'aménagement du terrain pour l'écoulement des eaux. — Le rouleau présenté par M. Lalane, de Madiran, ainsi que celui exposé par M. Tajan, de Bayonne, offraient tous les deux un accouplement avec une herse, ce qui en fait un seul et même instrument.

» Les scarificateurs et les extirpateurs exposés présentaient peu de différence avec ceux déjà connus, mais leur introduction dans ce pays mérite d'être mentionnée. — Ces instruments sont appelés à rendre de très grands services dans le nord-ouest de notre département, où la nature argileuse du sol en rend l'emploi indispensable.

» Semoirs. — Ces instruments sont peu répandus dans nos régions du midi, où les engrais pulvérulents ou liquides ont encore peu d'emploi. Ils rendraient d'utiles services pour la distribution des semences de petit volume, telles que petit millet, blé noir et froment, surtout dans les parties horizontales de nos départements.

» Machines a moissonner et a faner. — Ces machines, qui ont été l'objet d'un concours mémorable (celui de Fouilleuse) et dont l'usage commence à se répandre dans le centre de la France, ne semblent pas devoir faire profiter notre pays de tous les avantages qu'on leur a reconnus. Cette exclusion tient à la nature montueuse du sol et à l'extrême division de la propriété. Néanmoins nous avons pu nous rendre compte de ces machines, d'autant mieux que nous avions sous les yeux le modèle qui a remporté le prix dans le concours précité : c'est la machine Allen, qui était exposée par M. Legendre, de Saint-Jean-d'Angély. Ce constructeur avait aussi exposé le râteau à cheval ou *Faneuse,* qui sert de complément au premier appareil, et dont l'usage pourrait être avantageux dans notre pays.

» Machines a battre. — C'est ici que le génie des constructeurs s'évertue depuis tantôt 80 ans à trouver une solution économique au battage des grains. — Depuis la machine d'André Meikle, qui parut en Ecosse en 1786, jusqu'aux machines modernes Françaises de Duvoir et de Pinet, d'Abilly, plus de cinquante systèmes différents ont vu le jour. — Après s'être écarté plus ou moins du système fondamental de Meikle, il a fallu y revenir définitivement, et nos meilleures machines actuelles peuvent être considérées comme étant le simple perfectionnement de celle du mécanicien Ecossais.

» Les machines à battre furent introduites en France en 1822, et parmi les différents systèmes ou combinaisons de celles qui ont vu le jour, l'expérience en a sanctionné un certain nombre, limité à 13, mues par la vapeur, et à 16, mues par manège.

» C'est en 1855, au concours de Trappes, qu'une expérience solennelle eut lieu sur ces machines, et, nous devons le dire, la gloire en resta aux constructeurs Français, parmi lesquels figuraient avec le plus de distinction MM. Lotz aîné, Renaud et Lotz, Duvoir et Pinet, d'Abilly.

» Et d'abord, un mot sur le battage. — On emploie quatre moyens pour égrener les céréales :

» 1° Le dépiquage par piétinement de chevaux;

» 2° Le dépiquage au rouleau;

» 3° Le battage au fléau ou à la perche;

» 4° Le battage à la machine.

» Le premier mode est très imparfait : il présente un déchet de 3 à 6 p. %. — C'est le plus dispendieux de tous les moyens de dépiquage; il revient en moyenne de 8 à 10 p. % du grain battu, soit de 1f75 à 2f20 par hectolitre. Et encore, faut-il admettre que le temps soit propice aux diverses opérations que comporte ce moyen de dépiquage.

» Le deuxième moyen est un perfectionnement du précédent et présente aussi une économie notable sur le troisième. — Le prix de revient du grain battu est en moyenne de 0f90 l'hectolitre. — Quoique plus expéditif que le précédent, il exige néanmoins un temps assez beau, attendu que dans l'un et l'autre cas, l'opération se pratique en plein air.

» Le troisième moyen, le battage au fléau, est le plus généralement répandu dans nos montagnes. Il a pour lui, un peu plus d'intelligence que tous les autres moyens, attendu que tous ses coups s'adressent particulièrement aux épis, mais il a contre lui d'exiger la force de l'homme, la plus chère de toutes, et cette opération, de plus, est lente, pénible et insalubre. Il présente un déchet de 5 à 15 p. % de grains qu'il laisse dans la paille, il facilite les détournements, et le travail revient en moyenne à 1f50 l'hectolitre.

» Enfin le quatrième, le battage à la machine, appelé à faire disparaître tous les autres, présente sur eux, entr'autres avantages :

» 1° D'être plus économique que le fléau, d'un quart, de moitié et même des deux tiers, suivant l'importance de l'exploitation ;

» 2° D'être très expéditif; on peut battre 70 hectolitres par journée de 12 heures; la plupart des machines usuelles battent, moyennement, 50 hectolitres en 10 heures;

» 3° De pouvoir exécuter l'opération au moment jugé le plus opportun et de permettre d'utiliser les attelages ou les ouvriers quand il pleut ou quand il gèle ;

» 4° De présenter peu ou point de déchet. La récolte ordinaire en froment sur un hectare de terrain est, par le fléau, de 20 hectolitres, et, par la machine, de 21 et même de 21 hectolitres et demi, ce qui fait, pour un domaine de cinquante hectares, une somme de 1,000 à 1,500 fr. d'économie, prix d'une très forte et très bonne machine.

» Le prix de revient du battage à la machine varie avec les quantités sur lesquelles on opère, et suivant qu'on est propriétaire ou locataire de la machine employée.

» Ainsi Dombasle établissait, avec sa machine (aujourd'hui trouvée très défectueuse), que le battage d'une quantité fixe de :

» 200 hectolitres, revenait à 1f19;
» 400 hectolitres, — à 0f80;
» 1,000 hectolitres, — à 0f59;
» 2,000 hectolitres, — à 0f52.

» Avec les machines perfectionnées que nous possédons aujourd'hui, le prix de revient du battage varie, suivant les quantités, de 0f40 (*) l'hectolitre à 0f75 au plus.

» Si l'on ne tient compte que du froment, du seigle, de l'orge et de l'avoine, on trouve qu'en France ils couvrent une surface de 13,268,500 hectares. Le produit de ces quatre céréales représente une valeur de 2 milliards et demi de francs, dont les 4/5 pour la valeur moyenne du grain, et le reste pour celle de la paille; c'est environ le tiers du produit brut de l'agriculture Française.

» Si à l'économie du battage nous ajoutons l'excédant du grain épargné, nous trouverons que la machine procure comparativement au fléau un bénéfice de :

» 1f50 par hectolitre de blé,
» 1f15 par hectolitre de seigle,
» 0f80 par hectolitre d'orge,
» 0f60 par hectolitre d'avoine.

(*) « Les agronomes et les cultivateurs ne sont pas tous d'accord sur » le prix de revient du battage. — M. Pépin Lehalleur le porte à » 0f73 non compris l'intérêt du prix d'acquisition de la machine et de » l'amortissement. » *(Rapport du Jury sur l'Exposition universelle des Machines agricoles en* 1856.)

» En multipliant ces nombres par les chiffres qui correspondent à la production de la France en céréales, on reconnaîtra que c'est par centaines de millions que l'on peut calculer le profit annuel qui résulterait de l'adoption générale de la machine à battre.

» Environ 15 machines ont été présentées au concours. Le type le plus parfait, celui de *Duvoir* (rendant le grain propre à être conduit au marché), a été présenté par notre compatriote M. Marsan.

» Bien qu'après le rapport du jury international de 1855, les éloges soient épuisés sur les perfections de cette machine, M. Marsan a su la modifier à un tel point qu'aujourd'hui on peut la dire parfaite. C'est ainsi qu'il y a ajouté un crible, qu'il a modifié le plancher mouvant et le trieur, enfin qu'il y a adapté un appareil d'aspiration destiné à séparer du grain les poussières impalpables produites par le battage. Hâtons-nous de dire que notre compatriote a reçu la première récompense de la catégorie, pour ses heureuses modifications. — Le pays doit lui être reconnaissant aussi de l'importation qu'il a faite de sa machine, pour laquelle il n'a reculé devant aucun sacrifice; il a le premier créé dans notre pays le battage par association; c'est rendre plus facile la petite culture, éviter par l'association le prix de revient élevé d'un travail réduit par l'isolement et amener plus vite le progrès que nous cherchons.

» Une série de batteuses bien construites et peu coûteuses a été présenté par M. Pinet, d'Abilly.

Ces machines conviennent parfaitement à nos fortes exploitations rurales. — Elles sont simples, peu encombrantes, munies de manége et d'un prix peu élevé. — C'est ici que la régénération agricole de notre pays se montre dans sa splendeur : M. Pinet a vendu plus de trente machines à battre pendant les trois jours qu'a duré le concours.

» Enfin MM. Lafitte et Frogé ont exposé aussi une batteuse munie d'un manége, d'une construction parfaite, mais présentant à un moindre degré que les précédentes, les conditions de simplicité que nous avons énoncées déjà dans ce rapport.

» La seule objection sérieuse que l'on ait élevée contre les machines à battre, est tombée aujourd'hui : c'est la question de la paille. — Ceux qui veulent de la paille brisée pour alimenter les bestiaux, se servent de machines à battre en long. — Ceux qui veulent conserver la paille en gerbe, se servent de machines à battre en travers, et tous sont contents dès qu'ils constatent un battage de 50 hectolitres par jour, avec une dépense de 15 à 20 fr., et cela sans aucune perte de grains.

» Tarare. — De tous les instruments perfectionnés, celui-ci est le plus répandu dans nos pays. — Le plus parfait qu'a présenté le concours, c'est le tarare de M. Seguinel, de Mirande. — Ce tarare est muni d'un trieur qui opère d'une manière irréprochable la séparation des corps étrangers, des grains provenant des plantes parasites et des grains brisés. Cette belle machine ne coûte cependant que 170 francs.

» De tous les instruments de cette catégorie, celui destiné à rendre le plus de services à notre pays de petite culture est, sans contredit, le moins connu ou le moins employé; nous voulons parler de l'ÉGRENOIR A MAÏS. — Nous avons d'autant plus de peine à le comprendre, que pour 50 fr. et même pour 45 fr. on peut avoir un égrenoir à maïs qui, à l'aide de deux enfants, sépare de leurs rafles 5 hectolitres de grains de maïs par jour. Il y a des égrenoirs de 90 et de 100 fr., à l'aide desquels on peut égrener jusqu'à huit hectolitres par jour.

» L'exposition de Tarbes en a présenté une quinzaine de spécimens, variant dans les prix ci-dessus. — Les plus appréciés ont été ceux de M. Carolis, mécanicien à Toulouse.

» Nous arrivons à cette série d'instruments si nécessaires dans les exploitations où l'on engraisse le bétail.

» Nous voulons parler du HACHE-PAILLE, qui présente aux bestiaux des aliments de qualité inférieure sous une forme plus appétissante, et qui en permet le mélange intime avec des substances nutritives plus précieuses;

» Du COUPE-RACINE, appareil simple et nécessaire. — Les animaux mangent avec difficulté certaines racines. — Les bêtes vieilles, à cause de leur denture usée, celles qui, trop jeunes, n'ont pas leurs dents complètement développées, ne profitent des aliments que lorsqu'ils sont coupés en morceaux de dimension convenable. — La grosseur des tubercules peut également occasionner des accidents, car, pris avec avidité, ces gros tubercules peuvent rester engagés dans l'œsophage, et ce n'est qu'avec beaucoup de peine que l'on parvient à les dégager.

» Les MOULINS A CONCASSER les grains. — Aucun agriculteur n'ignore que certains grains sont à peine digérés par les animaux, et cela à cause de leur enveloppe extérieure. L'emploi de cet appareil peu coûteux est suffisamment justifié par l'expérience de tous les jours.

» Il y aurait bien d'autres instruments à mettre en relief, mais c'est votre pensée, Messieurs, comme la mienne, qu'il suffit d'avoir soulevé cette question de progrès à nos intelligents agriculteurs pour qu'ils se hâtent de sortir de l'état d'infériorité relative, dans lequel la privation de tous ces moyens les a placés jusqu'à ce jour. La nature nous a accordé un sol riche et puissant, un beau climat; ne nous reposons pas seulement sur ce que le ciel nous a donné, mais profitons encore de tout ce que le génie humain invente chaque jour. En résumé, puisque nous manquons de bras, servons-nous de machines.

» Dans le cours de ce rapport, nous avons parlé de l'état de division de la propriété dans notre pays. C'est peut-être là un obstacle au développement du *matériel agricole*, et nous profitons de l'occasion de ce rapport, pour rappeler que par la raison que les communes ont un matériel d'école, d'église, de travaux publics, d'incendies, etc., elles pourraient, avec non moins de raison, avoir un matériel agricole perfectionné, et composé des instruments indispensables à la culture et aux travaux agricoles spéciaux de chaque localité.

» La solution de cette question, à défaut de décisions municipales, pourrait être l'objet de prix et de récompenses que décerneraient d'un commun accord les Comices et les Sociétés agricoles, à moins que l'Etat n'apportât sa haute et puissante initiative pour une transformation aussi capitale et aussi économique, et dont le premier résultat serait de faire de la France le pays le plus agricole de notre continent. »

INDUSTRIE.

EXPOSITION DÉPARTEMENTALE INDUSTRIELLE.

Membres de la Commission : MM. Costallat, Géruzet père, Gandy, Cantet, Gertoux, Eugène Camus, Dossun père, Déjeanne, Tarissan, Goiffon, Lacotte, Marthe.

M. Galimard, *Rapporteur*.

« Nous venons vous rendre compte, Messieurs, de la mission que vous nous avez confiée à l'occasion de l'exposition départementale industrielle qui a eu lieu à Tarbes, au moment du concours régional. Notre examen portera principalement sur les produits industriels. Nous diviserons ces produits en plusieurs catégories comprenant soit ceux de même nature, soit ceux se rattachant à la même industrie.

» Les schistes de Lourdes, dont l'emploi peu coûteux rend à notre département de si grands services, attiraient l'attention des visiteurs par leurs dimensions remarquables. Deux échantillons, dont l'un ne mesurait pas moins de 9m50 de longueur, nous ont surtout frappés. Il faut espérer que l'exploitation plus économique et mieux entendue de ces dalles en abaissera prochainement les prix et en rendra par suite l'emploi plus fréquent. Ces schistes facilement transportables pourraient, dans un avenir très prochain, être l'objet d'un trafic important, si la Compagnie du Midi abaissait ses tarifs pour cette matière.

» Les ardoises, dont les carrières abondent dans ce pays, étaient représentées par plusieurs lots à l'exhibition : ardoises de Labassère, de Germs, de Trébons, de Lourdes, etc. Leur solidité, la beauté de leurs couleurs, la finesse de leur grain leur permettent de lutter avantageusement avec les ardoises si renommées d'Angers. Nous ne saurions trop insister auprès des propriétaires de ces magnifiques et inépuisables carrières pour qu'ils donnent à leurs produits toute la légèreté possible. Ils en diminueront le poids et en faciliteront ainsi l'exportation.— L'emploi des ardoises de forte épaisseur et de grande dimension essayé par M. Castex, pour la construction des *boxes*, nous paraît être une excellente innovation. La propreté des écuries, si facile avec ces matières, ne peut qu'être très avantageuse aux animaux.

» Nous avons regretté de ne pas voir figurer à l'exposition ces magnifiques tables rondes en ardoise, dont quelques unes ne mesurent pas moins de deux mètres de diamètre, supérieures par suite, comme dimension, à tout ce qui se fait en ce genre. Les visiteurs les eussent certainement appréciées.

» Nous avons remarqué les pierres de taille de Lourdes, dont le grain égale presque celui du marbre et dont la dureté et la résistance à la gelée sont si grandes. Les stratifications de ces carrières calcaires permettent d'extraire d'un seul bloc des pièces de près de deux mètres d'épaisseur et d'une longueur double. Employées pour colonnes ou pour décoration extérieure, ces belles pierres peuvent remplacer le marbre toujours plus coûteux. — Nous espérions voir figurer à l'exposition les pierres de taille de Bagnères, qui, moins remarquables comme dimension que celles de Lourdes, ont un grain plus fin et une force de résistance plus grande. — Qu'il nous soit permis de manifester nos regrets de n'avoir pas vu à l'exposition quelques autres échantillons de matériaux de construction dans des conditions plus ordinaires. Les carrières ne manquent pas dans nos montagnes, et ces matériaux à bas prix auraient indiqué toutes nos ressources, à ce point de vue, aux habitants des départements qui nous limitent au nord, départements qui, on le sait, manquent de pierre à bâtir.

» Les carrières de Lomné sont connues depuis longtemps, et cependant l'emploi des pierres qu'on en extrait est assez restreint. La facilité avec laquelle on sépare en tranches assez minces ce calcaire d'une nature toute particulière, l'avait fait employer, depuis quelque temps déjà, au carrelage des cuisines et des corridors. Depuis quelques mois, une exploitation plus rationnelle est venue donner à cette industrie une direction qui promet d'heureux résultats. La dureté et la résistance au feu de cette roche, le bas prix auquel ces pierres sont livrées ne tarderont pas à en généraliser l'emploi. La variété de couleur des strates, qui permet une grande variété dans les dessins, en rendra sûrement l'usage général dans les maisons riches. Voilà donc une matière qui peut satisfaire aux besoins de tous. L'échantillon exposé montrait tout ce qu'on doit attendre de cette industrie, nouvelle en quelque sorte.

» Notre arrondissement, et Bagnères en particulier, doit, chacun le sait, une partie de sa prospérité à l'industrie marbrière. Les marbres étaient donc pour nous et, nous pouvons le dire, pour tout le monde la partie principale de l'exposition. De nombreux et riches échantillons ont montré au public empressé l'importance de cette branche d'industrie, qui, à Bagnères seulement, occupe près de cinq cents ouvriers. Parmi les produits exposés quelques-uns se recommandaient par la grâce et l'élégance de leurs formes, la richesse de leur ornementation; quelques autres par la modicité de leur prix; tous par la variété, la richesse de leurs couleurs et la beauté de leur poli. La trop courte durée de l'exhibition et le peu de temps qui s'est écoulé entre le jour où elle avait été annoncée et son ouverture, n'ont pas permis à nos habiles industriels de préparer et de monter de grandes pièces, telles qu'autels, carrelages, mosaïques, etc., etc., qui auraient montré tout ce qu'on peut demander à cette belle et grande industrie.

» Nous avons regretté vivement de n'avoir pas vu figurer à l'exposition des marbres bruts en blocs et en tranches. Les visiteurs auraient pu juger de la puissance de nos moteurs hydrauliques et des moyens d'extraction employés dans notre pays.

» L'industrie minière, qui renaît à peine dans ce département, était représentée à l'exposition par de beaux échantillons de zinc, de fer micacé, de plomb argentifère, de cuivre et de lignite. A ces produits il eût été facile d'en ajouter beaucoup d'autres, mais les exploitations commencées ont été arrêtées, non par le peu de richesse des gisements, mais par la cherté des transports. Aujourd'hui que les chemins de fer sont à nos portes, ces exploitations, qui font à elles seules la fortune d'un pays, vont prendre, grâce à l'intelligence et à l'activité de l'ingénieur qui les dirige, un développement immense, si la Compagnie du Midi, comprenant enfin ses intérêts, consent à diminuer pour ces produits, comme pour toutes les matières brutes, ses tarifs par trop élevés. — Elle gagnera à cet abaissement, et ce pays qui, jusqu'à ce moment, n'a pu exporter ses produits naturels, en profitera et participera enfin à l'élan industriel de la France moderne.

» Nous avons vu à l'exposition quelques fers forgés de Hèches. Cette industrie est menacée dans son existence par le déboisement des forêts. C'est un double malheur en ce moment surtout où les fers préparés par la méthode Catalane obtiennent une préférence notable sur les marchés. — Espérons que la transformation du *lignite* en coke donnera à cette branche de notre industrie locale une vitalité nouvelle.

» Nous espérions voir les chaux hydrauliques et les chaux grasses représentées à l'exhibition; nous l'espérions d'autant plus que la cuisson de la chaux par le *lignite* permet de donner ce produit, indispensable à la fois à l'industrie et à l'agriculture, à un prix réduit qui en doit faciliter beaucoup l'exportation. Le lignite d'Orignac, nouvellement exploité et qui, par une disposition de fourneau, peut être brûlé sans inconvénient, nous paraît devoir rendre à notre pays des services immenses, soit au point de vue industriel, soit au point de vue forestier.

» Le plâtre de Pontacq terminait la série des matériaux de construction.

» La céramique était représentée à l'exhibition par trois groupes : la briquetterie, la poterie et la faïencerie. Ces industries trouveront dans les tourbières d'Ossun et dans le lignite d'Orignac des combustibles à bon marché, qui leur permettront de lutter avantageusement avec les produits similaires des départements limitrophes. — Dans cette branche de l'industrie nous avons particulièrement remarqué des briques creuses d'une grande légèreté jointe à une solidité notable; des tuyaux vernis à l'intérieur, si utiles pour éviter dans les conduites d'eaux des dépôts calcaires ou terreux qui ont de si fâcheux résultats; divers ustensiles de ménage à prix très peu élevés; et enfin un très beau vase émaillé qui révèle dans son auteur un sentiment artistique très développé. L'argile qui a servi à le mouler est d'une qualité très supérieure pour permettre la pureté de lignes et la finesse de dessin que nous avons admirées dans ce vase. — La poterie, qui trouve en abondance dans ce pays, soit une argile excellente, soit le plomb pour vernis, soit enfin le combustible à bas prix, doit, selon nous, prendre prochainement un grand développement, si toutefois cette industrie est conduite avec intelligence et économie. — La grosse poterie (grands vases à fleurs, amphores, etc.), qui occupe un nombre considérable d'ouvriers dans une fabrique près de Bagnères, n'était pas représentée à l'exposition de Tarbes : c'est une lacune malheureuse que nous déplorons, comme nous regrettons aussi l'absence des verreries de Sacoué.— Nous aurions désiré voir à Tarbes les produits de toutes les industries de notre pays.

» Les eaux minérales, qui abondent dans notre département, qui font sa richesse et dont l'exportation en bouteilles prend chaque jour un plus grand développement, les eaux minérales étaient représentées par des échantillons de différentes sources sulfureuses sodiques. Le nouveau procédé de bouchage des jarres et de conservation de ces eaux nous a paru excellent. Il facilitera le transport sans altération des eaux sulfureuses et permettra l'établissement de buvettes dans nos grands centres de population. Nous regrettons qu'on n'ait pas produit à l'exhibition des eaux ferrugineuses bouchées et mises en bouteilles ou en jarres par un procédé qui mette ces eaux à l'abri de tout contact avec l'air atmosphérique par lequel elles sont si facilement décomposées. Nous croyons que l'on pourrait aisément atteindre ce résultat, et rendre par ce moyen de signalés services à la médecine et créer enfin en même temps une branche nouvelle d'exportation.

» Les bois d'œuvre, si abondants dans ce pays, étaient uniquement représentés à l'exposition par une pièce de chêne de quinze mètres de longueur et par quelques madriers de bordage pour navires. Nous regrettons que les négociants en bois n'aient pas cru devoir exposer quelques billons de nos admirables sapins, de nos superbes noyers, de nos frênes ronceux, de nos beaux châtaigniers, etc., etc. Ils eussent ainsi appris aux visiteurs combien nos montagnes sont riches encore en bois d'œuvre malgré l'imprévoyance et les abus. — L'industrie du bois, une des plus importantes de notre arrondissement, occupe de nombreuses scieries mécaniques, mues par des chutes d'eau, si communes dans notre pays : elles débitent nos bois et procurent de l'ouvrage à un nombre considérable d'ouvriers.

» Votre commission a remarqué avec un vif intérêt les beaux panneaux et les feuilles de placage cotés très bas, exposés par un de nos collégues. Le travail en était parfait. Cette partie de l'exposition montre les beaux résultats que nos scieries modifiées pourraient produire au grand avantage du fabricant et du consommateur.

» Nous devrions nous occuper incidemment peut-être de la question si importante pour notre pays, du reboisement; nous la passerons néanmoins sous silence, persuadés que de plus compétents que nous la traiteront au point de vue général, et en rappelant d'ailleurs qu'elle a été déjà élucidée parfaitement à un point de vue particulier par deux de nos collégues.

» La tournerie et la tabletterie, industries nouvelles dans ce pays, tenaient, avec les marbres et les tricots, le premier rang à l'exposition. Le fini du travail, l'élégance des formes, la solidité des objets méritaient la juste attention des visiteurs. Elle ne leur a pas manqué, et depuis les confortables fauteuils articulés, les chaises et les bancs de jardin, les guéridons marquetés, les échiquiers pleins et articulés, les boîtes élégantes, les mille objets de ménage, les charmants jouets d'enfant, tout, jusqu'aux étagères légères où ces mille produits étaient étalés, tout attirait les regards de la foule.

» Cette industrie, importée à Bagnères depuis une quinzaine d'années, occupe un nombre considérable d'ouvriers; elle est appelée à en occuper davantage encore. Elle mérite donc, Messieurs, votre sérieuse attention. A un autre point de vue encore, elle est digne de tout l'intérêt que vous portez à tout ce qui touche le pays. Notre arrondissement, vous le savez, est montagneux dans sa plus grande superficie. L'hiver est long et rude sur la montagne. Il ne permet pas à nos populations exclusivement ou presqu'exclusivement adonnées à la culture et au pâturage, de travailler la terre ou de faire paître leurs troupeaux. La tournerie peut donner à ces populations un travail lucratif pour employer utilement les loisirs de l'hiver. Il serait, selon votre commission, très important de diriger vers ce but et vers un autre que nous indiquerons plus loin, la sollicitude de nos industriels. Leur intérêt et celui de la population le leur recommandent.

» Nous ne nous attendions pas, Messieurs, à voir figurer à l'exhibition des meubles aussi beaux que ceux exposés. Nous nous en félicitons; nous eussions désiré visiter les ateliers où ils ont été confectionnés, nous ne l'avons pu. — Votre commission a regretté que nos ébénistes n'aient pas présenté des meubles ordinaires et même des meubles communs. Les expositions, on ne saurait trop le dire, ne sont pas faites seulement pour les objets de luxe, elles le sont aussi pour les objets d'un usage journalier, et, à ce titre, il eût été utile à nos menuisiers et avantageux au public d'exposer les produits de notre ébénisterie ordinaire avec indication des prix auxquels ces objets peuvent être livrés.

» Votre commission doit vous signaler une

très remarquable console Louis XV très bien fouillée. Le dessin en est gracieux et facile et le travail parfait. L'auteur est de Bagnères; il deviendra, nous n'en doutons point, un sculpteur sur bois fort habile. — L'autel en chêne qui a obtenu une médaille d'argent, nous a paru peu remarquable comme dessin; il manquait surtout d'élégance. — Mentionnons, pour terminer tout ce qui touche au bois, les élégantes étagères découpées d'un ébéniste de notre ville.

» La mécanique ne pouvait être représentée dans notre pays par les belles et puissantes machines si communes dans le centre et le nord de la France. Notre industrie est trop peu avancée, et n'avons-nous pas ensuite nos puissantes et nombreuses chutes d'eau, qui suppléent si avantageusement et si économiquement aux machines à vapeur de toute espèce et même de toute force, pour que fondeurs et mécaniciens viennent s'établir parmi nous encore.

» Cependant nous avons à vous parler de quelques machines qui nous ont paru bien établies. Votre commission doit vous signaler une satineuse à lisser le papier, d'une construction soignée; une bonne machine à fabriquer les peignes; un châssis d'éclairage bien fait et d'un prix peu élevé; une horloge bien construite; un orgue que nous n'avons pas entendu, mais qui nous a paru solide et soigné. — Nous ne pouvons passer sous silence une baratte d'un système très ingénieux : l'inventeur a fabriqué devant le jury, et dans moins d'un quart d'heure, 750 grammes de beurre. Un enfant peut manœuvrer cet instrument, que nous voudrions voir dans toutes les fermes de notre pays essentiellement pasteur, et qui, avec notre excellent lait, pourrait produire du beurre comparable, sinon supérieur, aux meilleurs produits en ce genre de la Bretagne ou de la Normandie.

» Une scierie à bois portative, facile à monter et à manœuvrer, a appelé notre attention. L'idée en est fort ingénieuse, mais nous doutons que son application devienne générale dans un pays où les cours d'eau abondent. Terminons enfin cette revue en vous signalant une application nouvelle de la pompe Jappy pour le transvasement des liquides, qui nous a paru satisfaire complètement au but que s'était proposé l'exposant.

» Nous eussions vivement désiré voir à l'exhibition quelques-unes des machines employées à tourner, à forer, à creuser ou à polir le marbre, machines qui rendent déjà de grands services à cette industrie, et qui sont appelées à en rendre tous les jours de plus grands. Nous aurions voulu y voir encore une machine à tailler l'ardoise.

» Votre commission a examiné avec soin un nouveau système de montage de cloches qui rend la sonnerie très facile et dont la construction est peu coûteuse. Ce système consiste à suspendre la cloche sur des coussinets creux, à rainures, et garnis de galets. Le mouvement oscillatoire est rendu ainsi peu pénible et même facile. Nous croyons que des galets de bronze vaudraient mieux que les galets de fonte employés par le constructeur.

» La serrurerie était représentée par un coffre-fort, hors concours, d'un prix très élevé, et un coffret bien travaillé. La clef du coffre-fort, artistement faite, mais beaucoup trop grande, nous rappelait les clefs du *moyen-âge*. Nous eussions préféré que le constructeur, pour un objet d'un usage journalier, eût pris pour type les serrures à gorge mobile qui permettent tant de modifications.

» Nous ne devons pas passer sous silence deux voitures qui montrent que, dans notre département aussi, la carrosserie a fait des progrès réels. Nos bois de frêne et d'orme peuvent permettre à cette industrie de prendre un grand développement.

» Les laines, qui sont un des principaux produits de notre pays, avaient presque fait défaut à l'exposition. Nous nous attendions à trouver, à Tarbes, dans cette branche de l'industrie départementale, une grande quantité d'exposants : nous avons été surpris d'en y voir si peu, et cependant ceux qui ont exposé nous ont indiqué ce qu'on est justement en droit d'attendre dans notre pays de l'industrie lainière, aussi importante au point de vue agricole qu'au point de vue manufacturier.

» Les laines brutes, en suint ou lavées, faisaient complètement défaut. Nous avons vu un seul échantillon de laines filées, et cependant cette fabrication devrait donner, selon nous, d'excellents résultats dans un pays si riche en forces motrices naturelles, où paissent et se multiplient de nombreux troupeaux, et voisin enfin de l'Espagne, qui produit en si grande abondance les laines de mérinos si belles, à bon marché et dont l'introduction est désormais permise en franchise.

» Les gros tricots à la main et à la mécanique fabriqués dans la vallée de la Neste nous ont paru remarquables par leur solidité. Ils ne peuvent pas lutter, pour le prix, avec leurs similaires de Picardie, et notre département est cependant dans d'excellentes conditions de fabrication. Nous appelons sur ce point l'attention des fabricants de tricots, convaincus que leur intelligence saura y porter remède.

» Les ouvrages tricotés de Bagnères, qui ont une réputation si étendue et si justement méritée, étaient représentés à l'exhibition de Tarbes par des objets d'une exécution irréprochable, où le bon goût des dessins rivalisait avec la richesse et l'harmonie des couleurs. Cette exposition, remarquable à plus d'un titre, a révélé à votre commission tout ce qu'on peut attendre de l'esprit inventif et du goût de notre population ouvrière. Car nous devons le dire, cette branche de l'industrie Bagnéraise s'adresse surtout à la mode : or la mode est variable, et depuis vingt ou trente ans cependant nos fabricants varient si bien et leurs dessins et leurs produits, que toujours le consommateur les achète et les demande. — Nous avons regretté que les nombreux fabricants de Bagnères n'aient pas voulu entrer en lutte avec l'exposant récompensé d'une médaille hors concours, et qui avait déjà eu de nombreuses récompenses à bien des expositions. Il n'y aurait eu pour eux nulle honte à être vaincus, il y aurait eu de la gloire à entrer en lice.

» Les jolis Barèges de Luz, inventés à Bagnères il y a nombre d'années déjà, et qui y occupaient, il y a quelque trente ans, de nombreux et habiles tisseurs, ont dignement soutenu la vieille réputation de ces tissus, aujourd'hui imités et fabriqués presque partout.

» Les nombreux fabricants de drap de la vallée d'Aure s'étaient abstenus et nous les en devons hautement blâmer. A peine si quelques pièces de bon drap d'un bon marché remarquable et d'une excellente fabrication signalaient au visiteur cette industrie, qui, habilement et économiquement conduite, ferait à la fois la fortune du fabricant et la richesse du pays. — Votre commission a regretté de ne pas voir à l'exposition des échantillons des gros draps qui servent à nos paysans et des excellentes couvertures de laine fabriquées à Pontacq et aux environs.

» La teinturerie n'était représentée que par un seul exposant. Nous avons encore des regrets à exprimer sur ces abstentions malheureuses, mais nous avons à féliciter le teinturier exposant du soin et de l'habileté avec lesquels il produit les diverses nuances de ses couleurs. C'est là encore une industrie qui fit anciennement la réputation de Bagnères. Que nos teinturiers actuels ne l'oublient pas et qu'ils tâchent de se rendre dignes de leurs devanciers.

» L'industrie linière avait presque complètement fait défaut. On ne se serait jamais cru si rapproché du Béarn, dont les toiles sont si renommées : nous ne savons pourquoi nos tisserands si nombreux, et dont quelques-uns sont si habiles, n'ont pas répondu à l'appel zélé de l'administration. Le public aurait admiré la finesse de nos lins, la force et la solidité de nos toiles, et, nous pouvons le dire, la perfection avec laquelle sont fabriqués certains services de table, comparables à tout ce que le Béarn produit de plus beau.

» Et à ce sujet votre commission doit vous rappeler, Messieurs, qu'il n'est pas de paysan qui ne possède dans sa maison un métier à tisser. Le fil et la laine y sont alternativement tissés pour les besoins domestiques. Nous n'avons pas à vous faire remarquer combien il serait facile de tirer un parti immense de cette situation toute particulière, si des filatures de lin ou de coton, établies sur nos innombrables chutes d'eau, venaient occuper ces tisserands inactifs les sept huitièmes de l'année. C'est là encore un des *desiderata* nombreux de votre commission; le travail manufacturier à côté du travail agricole. Cette situation fait la richesse de la Suisse et de l'Alsace. Espérons qu'un jour elle fera la nôtre.

» Les papeteries si nombreuses de notre département étaient à peine représentées par deux exposants. Le papier à bras, le papier pur fil à cigarettes n'étaient pas exposés, quoique leur fabrication donne lieu à de nombreuses transactions. Nous l'avons regretté, comme nous regrettons aussi de ne pas voir fabriquer chez nous le papier de feuille de maïs, que nous pourrions produire à si bon marché. Nous possédons en effet avec abondance et les forces motrices et les matières premières. — L'exposition renfermait aussi des cartons dont la pâte et la fabrication nous ont paru bonnes.

» Votre commission doit vous signaler, Messieurs, un essai de sériciculture qui lui a semblé remarquable. Ce sera, nous l'espérons, une industrie agricole que nous verrons sous peu prospérer dans notre arrondissement.

» La tannerie n'avait exposé que des cuirs vernis d'un fini parfait. Les cuirs ordinaires faisaient défaut, et cependant le nombre des tanneurs est chez nous considérable. Nous n'avons pas vu à l'exposition des peaux de chevreaux ou d'agneaux sèches ou préparées, qui sont cependant l'objet d'un commerce étendu. Nous désirerions voir s'établir chez nous des mégisseries, qui, avec nos eaux et nos richesses peaussières, aujourd'hui exportées brutes, procureraient à notre département des bénéfices considérables, réalisés en ce moment à notre détriment par Annonay, Grenoble ou Milhau. Pour en finir avec les cuirs, mentionnons des chaussures à bon marché, solides et cependant bien faites.

» L'éditeur de notre bulletin avait exposé de beaux spécimens de typographie. La composition et le tirage ne laissaient rien à désirer. Mais ce qui nous a surtout frappés, ce sont les prix très réduits auxquels l'exposant livre ses ouvrages. Il a compris, et nous l'en félicitons, qu'à notre époque, et pour l'imprimerie surtout, il fallait produire bien et *à bon marché*. Il répond ainsi à un besoin réel, impérieux, de notre civilisation.

» La photographie était représentée à Tarbes par un *maître*. Nos éloges seraient toujours au-dessous du mérite de l'exposant, qui, au savoir profond du chimiste, joint l'habileté d'un artiste de premier ordre : les vues Pyrénéennes exposées sont admirables de perfection et de finesse.

» La lithographie, qui aurait, nous le savons, pu exposer de belles choses, n'a pas figuré au concours. Nous eussions désiré y voir quelques belles vues à plusieurs teintes lithographiées par un artiste de Tarbes.

» Quelques objets de fantaisie, dont les plus remarquables, sans contredit, étaient dus à la patience ét à l'habileté d'un de nos compatriotes, ont enfin attiré nos regards et complété, avec les beaux produits horticoles exposés, la série des objets que vous nous aviez donné la délicate mission d'examiner.

» Notre tâche est terminée, Messieurs. Il ne nous reste plus qu'à remercier d'abord l'administration supérieure du soin et du zèle avec lesquels elle a organisé l'exposition, et qu'à vous indiquer ensuite les impressions générales que cette exposition a fait éprouver à votre commission. Vous ne l'ignorez pas, c'est en février 1860 seulement que l'exhibition de Tarbes fut annoncée, quelques mois avant son ouverture. C'est assez vous dire que bien des industriels n'ont pu se préparer à y prendre part. C'est là, pour nous, l'explication rationnelle de l'abstention de plusieurs. Telle qu'elle était, cette exposition a été supérieure à ce que nous attendions. Elle nous a montré que ce pays commence à entrer dans la voie du progrès. Les chemins de fer doivent exercer une immense influence sur le développement industriel du pays, à cette condition toutefois que, modifiant ses tarifs, la Compagnie du Midi comprendra qu'il est de son intérêt bien entendu de transporter à bas prix les matières brutes surtout qui abondent dans nos montagnes. Il est encore, Messieurs, une chose notable à vous signaler à propos de l'exposition. C'est qu'il importe au pays de faire connaître à tous ses richesses en matières premières. L'exhibition de Tarbes a commencé. Il faut persévérer dans cette voie, et soit par notre bulletin, soit par nos travaux, soit par la presse, il faut dire et répéter, au monde industriel, quelles sont nos ressources, quelles sont nos forces motrices, quels sont nos produits naturels et nos matières premières, quels sont nos moyens actuels de fabrication, et quel est enfin le prix de la main d'œuvre. Soyez-en convaincus, lorsque les capitalistes sauront combien sont nombreux et puissants dans nos Pyrénées les éléments de fortune et de progrès, ils viendront à nous et régénèreront ce pays, qui, selon l'expression heureuse du premier manifeste de la Société. »

AVIS.

La Société d'Encouragement de Bagnères a voté cinq prix de vingt-cinq à trente francs pour chacun des cinq premiers scieurs, qui d'ici au 1er août 1861, auront adapté à leur châssis le système d'avancement à l'aide du rochet à double déclic.

Cette récompense peut, en grande partie, couvrir les frais de la substitution d'un mouvement mécanique simple et constant au système anormal suivi dans ce pays et dont les principaux défauts sont :

1° De laisser chômer la scie en l'absence du scieur;

2° De chômer également pendant la retaille de la scie;

3° De ne donner que peu de valeur réelle au bienfait inappréciable d'une chute d'eau;

4° De scier peu et lentement;

5° De faire revenir le sciage à un prix élevé;

Les concurrents devront informer le Président de la Société de la modification apportée par eux à leur scierie, afin qu'après constatation faite, ils puissent prendre rang pour l'obtention des prix ci-dessus désignés.

Le Secrétaire, J.-J. DUMORET.

Bagnères, impr. Dossun.

www.ingramcontent.com/pod-product-compliance
Ingram Content Group UK Ltd.
Pitfield, Milton Keynes, MK11 3LW, UK
UKHW020343180726
13839UKWH00002B/886

9 782329 326009